短距离无线通信系统及仿真

主　编　吴珊珊　王书旺
副主编　于宝明　沈学其

北京理工大学出版社
BEIJING INSTITUTE OF TECHNOLOGY PRESS

图书在版编目（CIP）数据

短距离无线通信系统及仿真 / 吴珊珊，王书旺主编. —北京：北京理工大学出版社，2020.8

ISBN 978 – 7 – 5682 – 8953 – 5

Ⅰ. ①短…　Ⅱ. ①吴…　②王…　Ⅲ. ①短距离 – 无线电通信 – 通信系统 – 系统仿真 – 教材　Ⅳ. ①TN92

中国版本图书馆 CIP 数据核字（2020）第 159784 号

出版发行 / 北京理工大学出版社有限责任公司

社　　址 / 北京市海淀区中关村南大街 5 号

邮　　编 / 100081

电　　话 / （010）68914775（总编室）

　　　　　（010）82562903（教材售后服务热线）

　　　　　（010）68948351（其他图书服务热线）

网　　址 / http：//www. bitpress. com. cn

经　　销 / 全国各地新华书店

印　　刷 / 三河市天利华印刷装订有限公司

开　　本 / 787 毫米 × 1092 毫米　1/16

印　　张 / 10.75

字　　数 / 254 千字

版　　次 / 2020 年 8 月第 1 版　2020 年 8 月第 1 次印刷

定　　价 / 52.00 元

责任编辑 / 王玲玲

文案编辑 / 王玲玲

责任校对 / 刘亚男

责任印制 / 施胜娟

前言
Preface

　　随着社会的不断发展及科学技术水平的不断提高，各种短距离无线通信技术相继出现。它们凭借自身的灵活性、微型化、低功耗等优势，在生态环境监测、自动化控制、家庭信息化等领域广泛应用。

　　本书以短距离无线通信系统的工程实施、测试验收及运行维护等岗位的职业能力需求为目标，依据相关岗位能力培养的要求选择教学内容，基于实际工作过程分阶段设置典型任务。首先介绍了短距离无线通信的基础知识，让读者对无线通信的相关概念、无线介质的特性、短距离无线通信技术的基本概况及 MATLAB 仿真软件有了初步了解。而后，通过 Wi-Fi 无线通信技术、蓝牙无线通信技术、ZigBee 无线通信技术、红外无线通信技术四个项目向读者展示了目前应用较为广泛的几种短距离无线通信技术，并结合 MATLAB 仿真让读者获得更加具体的认知。最后，介绍了短距离无线通信设备检测所需要的环境、场地及设备，为读者将来从事无线通信产品检测认证等较高层次技术岗位打下基础。

　　本书主要面向高等职业院校、成人高等教育的物联网应用技术、通信工程、电子信息工程技术、自动化技术等专业的读者。使用本书的学生应具备一定的网络和通信等方面的知识。建议各章节学时安排如下：

章　　名	学　　时
项目 1　短距离无线通信基础认知	6
项目 2　Wi-Fi 无线通信技术	14
项目 3　蓝牙无线通信技术	8
项目 4　ZigBee 无线通信技术	6
项目 5　红外无线通信技术	6
项目 6　短距离无线通信设备检测	5

　　本书由南京信息职业技术学院吴珊珊、王书旺担任主编，由南京信息职业技术学院于宝明及南京容测检测技术有限公司沈学其高工担任副主编。其中，项目 1、2 由吴珊珊编写，项目 3、4 由吴珊珊、王书旺编写，项目 5 由吴珊珊、于宝明编写，项目 6 由王书旺、沈学其编写，吴珊珊统编全稿。本书在编写过程中得到了南京容测检测技术有限公司的大力支持，在此表示衷心的感谢！

　　由于编者水平有限，本书仍有许多不足之处，恳请广大读者批评指正。

编　者

目录 Contents

项目 1

短距离无线通信基础认知

随着无线通信技术在社会生活中扮演的角色越来越重要，人们对其微型化和低功耗提出了更高的要求，短距离无线通信技术正是在此背景下逐渐为社会所关注。近年来，先后涌现出 Wi-Fi（无线局域网）、Bluetooth（蓝牙）、ZigBee（紫蜂）、IrDA（红外）等多种短距离无线通信技术，广泛应用于自动化控制、家庭信息化等各个领域。本项目重点介绍短距离无线通信的基础知识，对无线通信的相关概念、无线介质的特性、短距离无线通信技术的基本概况加以阐述和分析，并对通信系统的常用仿真软件 MATLAB 进行介绍。

模块 1.1　什么是无线通信

1.1.1　无线通信的基本概念

读一读

通信是人们传递信息的一种重要途径。从古至今，通信经历了一段漫长的发展历程。在古代，驿传是一种常见的通信方式，人们通过驿臣和马匹传递信息，这种通信方式需要依赖于有形载体进行。烽火台也是古代一种重要的通信方式，这种通信没有有形的载体作为信息的传递通道，而是利用大气来传递烟、火、炮声等形式的信息。

随着通信技术的发展，1835 年出现了电报这种新的通信方式，信息以莫尔斯电码的形式传递，从此拉开了电信时代的序幕。41 年后，贝尔在 1876 年发明了电话，利用电线传输信息，实现了有线通信。1895 年，意大利人马克尼和俄国人波波夫利用电磁波实现了无线通信，他们因此成为无线通信的鼻祖。

通信技术的发展给人们的生活带来了巨大的变化。从早期的模拟电视到如今的数字电视，从早先以大哥大为代表的模拟手机到现今可用于发信息、上网的数字手机，人们切实体

1

会到通信技术的迅速发展。与模拟通信相比，数字通信具有抗干扰能力强、可以远距离传输（再生）及信号易于处理等优势。

2010 年中国开始大力发展物联网产业，3G、4G、5G 移动通信、Wi-Fi、Bluetooth、ZigBee 等成为物联网技术中信息传输层的重要支撑。其中，3G、4G 移动通信属于长距离通信，而 Wi-Fi、Bluetooth、ZigBee 则属于短距离无线通信的范畴。

利用电磁波的辐射和传播，经过空间传送信息的通信方式称为无线电通信（Radio Communication），也称为无线通信。利用无线通信可以传送电报、电话、传真、数据、图像及广播和电视节目等通信业务。

信道就是从发送端到接收端之间的路径，包括两个通信设备之间的所有东西——线路、中继器、无线电波等。按传输介质的形式来分，信道分为有线信道和无线信道；按频率来分，信道分为窄带信道和宽带信道；按传输的信号类型来分，信道分为数字信道和模拟信道；按存在形式来分，信道分为物理信道和逻辑信道。无线通信的信道属于无线信道。

无线信道是对无线通信中发送端和接收端之间通路的一种形象比喻，对于无线电波而言，它从发送端传送到接收端，其间并没有一个有形的连接，它的传播路径也有可能不只一条。为了形象地描述发送端与接收端之间的工作，人们想象两者之间有一个看不见的道路衔接，这条衔接通路称为信道。信道有一定的频率带宽，正如公路有一定的宽度一样。

无线信道中的电波不是通过单一路径来传播的，而是由许多路径上的众多反射波合成的。由于电波通过各个路径的距离不同，因而各个路径来的反射波到达时间不同，也就是各个信号的时延不同。当发送端发送一个极窄的脉冲信号时，移动台接收的信号由许多不同时延的脉冲组成，称为时延扩展。同时，由于各个路径来的反射波到达时间不同、相位不同，产生了多径衰落（即快衰落）。

此外，接收信号除瞬时值出现快衰落之外，场强中值也会出现缓慢变化。这种变化主要是由地区位置的改变及气象条件变化造成的，以致电波的折射传播随时间变化而变化，多径传播到达固定接收点的信号的时延随之变化。这种由阴影效应和气象原因引起的信号变化，称为慢衰落。

由于无线通信中移动台的移动性，无线信道中还会有多普勒效应。在无线通信中，当移动台移向基站时，频率变高；当远离基站时，频率变低。在无线通信中，要充分考虑"多普勒效应"。虽然由于日常生活中移动台移动速度有一定的局限性，不可能会带来十分大的频率偏移，但是不可否认这会给无线通信带来影响。为了避免这种影响造成通信中的问题，人们不得不在技术上进行各种考虑，由此也加大了无线通信的复杂性。

综上所述，无线信道包括了电波的多径传播、时延扩展、衰落特性及多普勒效应，在无线通信中，要充分考虑这些特性来提出解决的方案。

看一看

无线通信的基本概念

1.1.2　无线通信使用的频率和波段

读一读

无线通信初创时期使用的频率较低，频率范围较窄，波段主要限于长波和中波。随着科学技术的不断进步，使用的频率范围逐步扩大。目前无线通信使用的频率从超长波波段到亚毫米波段（包括亚毫米波以下），以至光波。无线通信使用的电磁波的频率范围和波段见表1-1。

表1-1　无线通信使用的电磁波的频率范围和波段

频段名称	频率范围	波段名称		波长范围
极低频（ELF）	3～30 Hz	极长波		100～10 Mm（10^8～10^7 m）
超低频（SLF）	30～300 Hz	超长波		10～1 Mm（10^7～10^6 m）
特低频（ULF）	300～3 000 Hz	特长波		1 000～100 km（10^6～10^5 m）
甚低频（VLF）	3～30 kHz	甚长波		100～10 km（10^5～10^4 m）
低频（LF）	30～300 kHz	长波		10～1 km（10^4～10^3 m）
中频（MF）	300～3 000 kHz	中波		1 000～100 m（10^3～10^2 m）
高频（MF）	3～30 MHz	短波		100～10 m（10^2～10 m）
甚高频（VHF）	30～300 MHz	超短波（米波）		10～1 m
特高频（UHF）	300～3 000 MHz	微波	分米波	1～0.1 m（1～10^{-1} m）
超高频（SHF）	3～30 GHz		厘米波	10～1 cm（10^{-1}～10^{-2} m）
极高频（EHF）	30～300 GHz		毫米波	10～1 mm（10^{-2}～10^{-3} m）
至高频（THF）	300～3 000 GHz		亚毫米波	1～0.1 mm（10^{-3}～10^{-4} m）
			光波	3×10^{-3}～3×10^{-5} mm（3×10^{-6}～3×10^{-8} m）

在欧、美、日等西方国家常常把部分微波波段分为 L、S、C、X、Ku、K、Ka 等波段（或称子波段），见表1-2。

表1-2　无线通信中所使用的部分微波波段的名称

频率和波长波段代号	频率范围/GHz	波长范围/cm
L	1～2	30～15
S	2～4	15～7.5
C	4～8	7.5～3.75
X	8～13	3.75～2.31
Ku	13～18	2.31～1.67
K	18～28	1.67～1.07
Ka	28～40	1.07～0.75

看一看

无线通信使用的频率和波段

1.1.3 无线通信系统的组成

读一读

无线通信系统一般由发信机、收信机及与其相连接的天线（含馈线）构成，如图 1 - 1 所示。

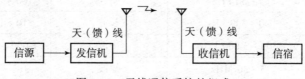

图 1 - 1 无线通信系统的组成

1. 发信机

发信机的主要作用是将所要传送的信号首先对载波信号进行调制，形成已调载波；已调载波信号经过变频（有的发射机不经过这一步骤）成为射频载波信号，送至功率放大器，经功率放大器放大后送至天（馈）线。一种短波发信机的组成框图如图 1 - 2 所示。

图 1 - 2 短波发信机的组成框图

2. 天线

天线是无线通信系统的重要组成部分。其主要作用是把射频载波信号变成电磁波或者把电磁波变成射频载波信号。按照规范性的定义，"天线就是把导行模式的射频电流变成扩散模式的空间电磁波的传输模式转换器，以及其逆变换的传输模式转换器"。馈线的主要作用是把发射机输出的射频载波信号高效地送至天线。这一方面要求馈线的衰耗要小；另一方面，其阻抗应尽可能与发射机的输出阻抗及天线的输入阻抗相匹配。

3. 收信机

收信机的主要作用是把天线接收的射频载波信号首先进行低噪声放大，然后经过变频（一次、两次甚至三次变频）、中频放大和解调后还原出原始信号，最后经低频放大器放大输出。一种短波收信机的组成框图如图 1 - 3 所示。这里需要说明的是，目前实用的无线通信系统，大多数采用双工通信方式，即通信双方各自都有发信机、收信机及与其相连的天（馈）线，并且收发信机做在一起（且带有双工器）。

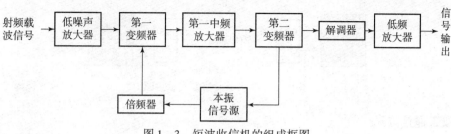

图1-3 短波收信机的组成框图

看一看

无线通信系统的组成

1.1.4 无线通信的工作方式

读一读

无线通信的工作方式可以分为单工通信方式、半双工通信方式和双工通信方式三种。

1. 单工通信方式

所谓单工通信方式，就是通信双方中的一方只能接收信息，而另一方只能发送信息，此过程不能互逆。20世纪风靡一时的无线寻呼系统中的被叫用户接收机（又称BP机）就属于典型的单工通信的应用案例。BP机工作时，在呼叫方向寻呼台发起呼叫请求后，由寻呼台对呼叫请求信息进行编码，并利用发射机发出信号，最终送至接收方。在此过程中，收信方不能向发信方直接进行信息反馈。单工通信系统的结构如图1-4所示，可以看出，该系统的发送端和接收端是固定的。

图1-4 单工通信方式示意图

2. 半双工通信方式

在半双工通信方式下，通信的双方只能交替地进行发信和收信，不能同时进行双向通信，若要改变传输方向，需用开关进行切换。对讲机就属于半双工通信的例子，当利用对讲机发话时，需要按住发话键才可以进行通信；如果不按发话键，则处于接听模式。也就是说，对讲机的接听和发话无法同时进行。半双工通信系统的结构如图1-5所示，采用半双工方式时，通信系统两端的发送器和接收器，通过收/发开关进行方向的切换。由于这种方式要频繁变换信道方向，因此效率较低，但可以节约传输线路。

图1-5 半双工通信方式示意图

3. 双工通信方式

双工通信方式又称全双工通信，在此通信方式下，通信双方可同时进行发信和收信。与半双工通信方式不同的是，双工通信无须进行方向的切换，因此，没有切换操作所产生的时间延迟，这对那些不能有时间延误的交互式应用（例如远程监测和控制系统）十分有利。双工通信方式的应用非常广泛，计算机通信、电话语音通信、QQ、微信等均属于双工通信方式。双工通信方式下，如果收信方与发信方采用不同的工作频率，称为频分双工，其英文缩写为FDD。FDD采用两个独立的信道分别传输上行和下行数据，为了防止邻近的发射机和接收机之间相互干扰，在两个信道之间存在一个保护频段。时分双工是双工通信的另一种实现方式，其英文缩写为TDD。在TDD模式下，发信方和收信方使用了同一频率下的不同时隙，即用时间来分离接收和发送信道。图1-6给出了双工通信方式的示意图。

图1-6 双工通信方式示意图

看一看

无线通信工作方式

模块1.2　了解无线介质

1.2.1　有线介质与无线介质

读一读

有线介质提供了一种可靠的、定向的连接，它把携带信息的电信号从一个固定终端传输到另一个固定终端。有线连接的方式有多种，包括在高速LAN中使用的双绞线电话布线、在电视发送中使用的同轴电缆和在远程连接骨干网中使用的光缆。信号通过电线时，会产生一定程度的辐射，这会对附近的电波或其他电线传输产生干扰。这些特点在不同的有线介质中是不同的。通常额外铺设电缆可以增加有线介质的数量，进而增加带宽。

与有线介质相比，无线介质是不可靠的，其带宽低并且有广播特性。但是由于无线介质具有无束缚的特点，它可以被用在无线通信中。不同的信号通过有线介质，从物理层上看是通过不同的电线，而所有的无线传输都是共享同一种介质——空气。各种现有的无线网络是通过工作频率和接入频段的合法性加以区别的。无线网络的工作频率有 1 GHz（蜂窝电话）、2 GHz（PCS 和 WLAN）、5 GHz（WLAN）、28 ~ 60 GHz（本地多点分布业务（LMDS）和点到点的基站连接）及用于光通信的 IR 频率。这些频段中，有的频段需要许可证，比如蜂窝移动电话 PCS；有的频段免许可证，比如 ISM 频段和 U-II（免许可证的国家信息基础结构）频段。随着工作频率和数据传输速率的增加，硬件实现的成本也相应增加，但无线信号穿透墙壁的能力却减弱了。随着时间的推进，无线网络在电子设备上的费用变得越来越不重要，而进入建筑物的穿透能力和区分需要许可证的频段与免许可证的频段变得十分重要。当频率等于几十吉赫兹时，信号可以穿过墙壁，这样在大楼内部只要使用最小的无线基础结构，就可以实现室内通信。对于更高频率的信号，来自室外的，无法进入建筑物之内；而产生于室内的，却被限制在房间之内。这种现象强行限制了无线通信中对合适频率的选择。

对于有线介质，有一种简单增加容量的方法，只要支付得起，就可以在需要增容的地方铺设更多的线缆。但对于无线介质而言，可以得到的使用频段是受到限制的，无法获得新的频段，不能简单通过介质的重复使用来容纳更多的用户。所以，研究人员开发了一系列技术，用于在固定带宽下增加无线网络所支持的用户数量。与在有线网络中铺设新线缆相比，最简单的方法是使用蜂窝体系结构，当两个小区之间达到适当的距离时，可在这两个小区中使用相同的工作频率。此外，为了增加蜂窝网络的容量，可以减小小区的大小。在有线网络中，增加一条线路就可以增加一倍用户数量，但付出的代价是要增加一倍于终端的连接。在无线网络中，小区的大小减小一半，就可以增加一倍的用户数量，但减小的尺寸会增加小区互连基础结构的成本和复杂性。

看一看

无线信道与有线信道

1.2.2 电波传播机制

读一读

在无线通信过程中，接收点接收到的信号一般是直射波、反射波和地表面波的合成波。但是地表面波随着频率的升高而衰减增大，传播距离有限，所以，分析无线通信信道时，主要考虑直射波和反射波的影响。图 1 - 7 示出了典型的无线信道电波传播路径。

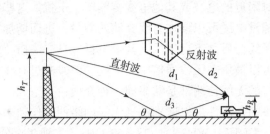

图 1-7 典型移动信道电波传播路径

1. 直射波

直射波可以按自由空间传播来考虑，电波在自由空间经过一段距离的传播之后，由于辐射能量的扩散，会引起衰落。式（1-1）示出了无方向性天线接收场强的有效值与辐射功率和距离的关系：

$$E_0 = \frac{30P_T}{d} \qquad (1-1)$$

式中，P_T 为辐射功率，单位为 W；E_0 为距离辐射天线 d（单位为 m）处的场强。若考虑到收发信机天线的增益 G_R 和 G_T，则距离发射天线 d 处的电场强度为

$$E_0 = \frac{\sqrt{30P_T G_T}}{d} \qquad (1-2)$$

此时接收天线上的功率为

$$P_R = P_T \left(\frac{\lambda}{4\pi d}\right) G_T G_R \qquad (1-3)$$

式中，λ 为电磁波的波长。

电磁波在自由空间的传播损耗 L_{fs} 定义为

$$L_{fs} = \frac{P_T}{P_R} = \left(\frac{4\pi d}{\lambda}\right)^2 \cdot \frac{1}{G_T G_R} \qquad (1-4)$$

在自由空间中，收发天线一般可以看作两个理想的点源天线，故增益系数 $G_R = 1$，$G_T = 1$。工程上对传播损耗常用 dB 表示，即

$$L_{fs} = 20\lg \frac{4\pi d}{\lambda} \quad (\text{dB}) \qquad (1-5)$$

故电磁波在自由空间的传播损耗为

$$L_{fs} = 32.45 + 20\lg d(\text{km}) + 20\lg f(\text{MHz}) (\text{dB}) \quad (1-6)$$

直射波传播的最大距离由收、发天线的高度，地球的曲面半径，以及大气折射影响共同决定。图 1-8 示出了视线传播的极限距离。

设收、发信机的天线高度分别为 h_R 和 h_t，从几何关系上可求出发射天线 A 点到切点 C 的距离为：

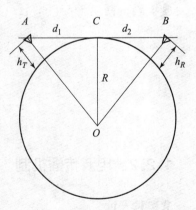

图 1-8 视线传播的极限距离

$$d_1 = \left[(R + h_T)^2 - R^2 \right]^{\frac{1}{2}}$$
$$= \left[(2R + h_T) h_T \right]^{\frac{1}{2}} \approx \sqrt{2R h_T}$$

同样，可以求出从 C 点到接收天线 B 点的距离为

$$d_2 = \sqrt{2Rh_R}$$

所以视线传播的极限距离为

$$d = d_1 + d_2 = \sqrt{2R}(\sqrt{h_R} + \sqrt{h_T}) \tag{1-7}$$

将 $R = 6\ 370$ km 代入式（1-7），令 h_R 和 h_T 的单位为 m，则有

$$d = d_1 + d_2 = 3.57\left[\sqrt{h_R(\mathrm{m})} + \sqrt{h_T(\mathrm{m})}\right]\ (\mathrm{km}) \tag{1-8}$$

实际上，电磁波在传播过程中会受到空气不均匀性的影响，则直射波传播所能到达的视线距离应做修正，在标准大气折射情况下，$R = 8\ 500$ km，则有

$$d = 4.12\left[\sqrt{h_R(\mathrm{m})} + \sqrt{h_T(\mathrm{m})}\right]\ (\mathrm{km}) \tag{1-9}$$

由上式可见，视线传播的极限距离取决于收发天线架设的高度，所以，在系统设置中，应尽量利用地形、地物把天线适当架高。

2. 绕射损耗

在无线通信中，实际情况是很复杂的，很难对各种地形引起的电波损耗做出准确的定量计算，只能做一些定性的分析。在实际情况下，除了考虑电波在自由空间中的传播损耗之外，还应考虑各种障碍物对电波传播所引起的损耗，通常把这种损耗称为绕射损耗。

设障碍物与发射点、接收点的相对位置如图1-9所示。图中 x 表示障碍物顶点 P 至直线 TR 之间的垂直距离，在传播理论中，x 称为费涅尔余隙。

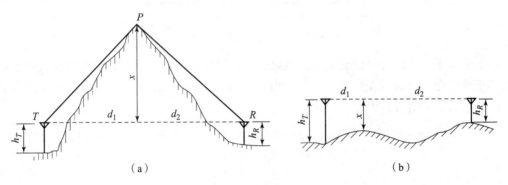

图1-9　费涅尔余隙

（a）负余隙；（b）正余隙

根据费涅尔绕射理论，可得到障碍物引起的绕射损耗与费涅尔余隙之间的关系，如图1-10所示。图中横坐标为 x/x_1，其中，x_1 称为费涅尔半径，并可由下式求得：

$$x_1 = \sqrt{\frac{\lambda d_1 d_2}{d_1 + d_2}} \tag{1-10}$$

由图1-10可见，当 $x/x_1 > 0.5$ 时，则障碍物对直射波的传播基本上没有影响；当 $x = 0$ 时，即 TR 直射线从障碍物顶点擦过时，绕射损耗约为6 dB；当 $x < 0$ 时，即直射线低于障碍物顶点时，损耗急剧增加。

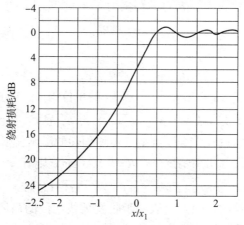

图 1-10　绕射损耗与余隙的关系

3. 反射波

电磁波在传播过程中，遇到两种不同介质的光滑界面时，就会发生反射现象。因此，从发射天线到接收天线的电磁波包含有直射波和反射波，如图 1-11 所示。

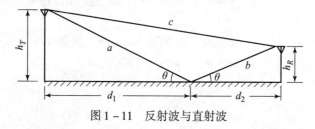

图 1-11　反射波与直射波

一般情况下，在研究地面对电波的反射时，都是按平面波处理的，即电波在反射点的入射角等于反射角，电波的相位发生一次反相。由图 1-11 可见，反射路径 $a+b$ 要比直射路径 c 长，它们的差值 Δd 为

$$\Delta d = a + b - c = \sqrt{(d_1 + d_2)^2 + (h_T + h_R)^2} - \sqrt{(d_1 + d_2)^2 + (h_T - h_R)^2}$$

$$= d\left[1 + \left(\frac{h_T + h_R}{d}\right)^2 - \sqrt{1 + \left(\frac{h_T - h_R}{d}\right)^2}\right] \tag{1-11}$$

式中，$d = d_1 + d_2$。

由于 $(h_T + h_R) \ll d$，所以有如下近似关系：

$$\sqrt{1 + \left(\frac{h_T + h_R}{d}\right)^2} \approx 1 + \frac{1}{2}\left(\frac{h_R + h_T}{d}\right)^2$$

由此可得

$$\Delta d = \frac{2h_T h_R}{d} \tag{1-12}$$

由于直射波和反射波的起始相位是一致的，因此两路信号到达接收天线的时间差 Δt 可换算为相位差

$$\Delta \varphi_0 = \frac{\Delta t}{T} \times 2\pi = \frac{2\pi}{\lambda} \cdot \Delta d \tag{1-13}$$

由于地面反射时大都要发生一次反相，所以实际的两路电波相位差为

$$\Delta\varphi = \Delta\varphi_0 + \pi = \frac{2\pi}{\lambda} \cdot \Delta d + \pi \qquad\qquad (1-14)$$

式中，λ 称为相移常数，取决于电磁波的波长。

由于大气折射随时间而变化，路径差 Δd 及相位差 $\Delta\varphi$ 也随时间变化，直射波和反射波在接收点有时同相相加，有时反相抵消，这就造成合成波的衰落现象，常称为多径衰落。除此之外，由于无线通信系统中接收者不断运动，引起电磁波传播路径上地形、地物不断变化，也会造成信号衰落。由于地形、地物的变化速率相对于电磁波的变化速率要低得多，因此，由它引起的衰落要比多径效应引起的衰落慢得多，所以称为慢衰落，而多径效应引起的衰落则称为快衰落。在无线通信中，慢衰落引起的电平变化远小于随位置变化的快衰落的影响。

理论分析及大量实测说明，多径效应使接收信号的瞬时值变化接近瑞利分布。在无线信道中，衰落深度达 30 dB 左右，衰落速率为 30 ~ 40 次/s。

🔁 **看一看**

无线介质的特性

1.2.3　传播性能的指标

🔁 **读一读**

表示传播性能的指标主要是发射机的发射能量和接收机的灵敏度。

发射机所发射的能量，是以瓦或毫瓦为单位来衡量的。可以看出，设备本身的局限性限制了这个功率的最大值。拥有较高的传输功率将有助于抑制频带内的干扰信号，但是拥有较高传输功率的设备耗电也较多，同时，对别的信号的干扰也加强，因此，系统对发射机所发射的能量的要求是自相矛盾的。

灵敏性是指在信道中满足规定的通信质量的前提下可以被接收机接收的最弱信号（它的数值可以通过天线读出）。这个数值意味着接收机的性能好坏，该数值越低，接收机越灵敏（绝对性能越高）。但是这要求所有制造商都用相同的参考值来定义灵敏度。

了解了上述两个数之后，就可以计算发射机和接收机之间信号功率最大可能的衰减值（这是两个数值之间的差别，以 dB 为单位）。对于一个 100 mW 的系统，它的发射功率是 20 dBmW，若有 – 80 dB 的灵敏度，那么就有 100 dB 的最大衰减值。衰减指的是发射机和接收机之间信号功率的减弱。

如果确切地知道两个节点之间的信号路径的组成（包括空中距离、障碍类型和反射物），就可以计算出衰减。但是通常仅仅用距离来决定衰减的公式是远远不够的，特别是当

信号由不同的传播路径部分组成的时候。同时，环境的变化使得衰减随时间而变化，由于这种不直接的关系，即使知道了最大的可能衰减，也不可能给出最大的传播范围，唯一可靠的是，拥有更大可能衰减的产品便更有可能拥有较大的传播范围。

当无线系统的收发装置之间存在墙壁等障碍物时，进行系统设计必须考虑穿透损耗。所谓穿透损耗，是指电波由建筑外进入室内（或相反）的损耗。其值等于建筑物附近场强和室内场强之差。其大小取决于建筑物的材料、高度、结构、室内陈设、工作频率等因素。穿透损耗数值应根据实验测得。另外，穿透损耗还随测量点高度而变化。一楼和二楼没有明显的差别。在二楼以上，随高度的增加，穿透损耗大体直线下降。

看一看

无线通信系统传播性能的指标

1.2.4 无线通信中的干扰

读一读

目前，无线通信业务大量增加，但是可用的频段却非常有限，因此，信道间隔与带宽比值不大。当某一接收机所接收的有用信号低于某一极限值，而另一部相邻信道的接收机在这个电台附近工作时，就会造成电磁干扰。在无线通信中，考虑较多的是邻道干扰、同信道干扰、互调干扰、远近效应、码间干扰等。

1. 邻道干扰

邻道干扰是指相邻或邻近信道之间的干扰。在多信道无线通信系统中，当移动台靠近基地台时，移动台发信机的调制边带扩展，会对正在接收微弱信号的基地站邻道收信机形成干扰。由于这种干扰分量落在被干扰的接收机通频带内，因而提高接收机的选择性也是无济于事的。一般来说，二者相距越近，邻道干扰则越大。当移动台相互靠近时，这些移动台发信机的调制边带扩展会给接收信号的众多移动台邻道接收机造成干扰。而基地台发信机对移动台接收机的邻道干扰一般不严重，这是因为基地台发信机功率很大，其调制边带扩展相对小得多，移动台接收机收到的信号功率远远大于邻道干扰的功率。

2. 同信道干扰

由相同频率的无用信号对接收机形成的干扰，称为同信道干扰，也称为同频干扰。

在无线通信中，为了提高频谱利用率，在相隔一定距离之外，使用同信道电台，称为同信道复用。同信道无线区相距越远，其隔离度越大，同信道干扰就越小，频谱利用率越低。因此，在进行无线区群的频率分配时，应在满足一定的通信质量的前提下，确定相同频率重复使用的最小距离。

（1）射频防护比

射频防护比是指达到主观上限定的接收质量时，所需的射频信号对干扰信号的比值。一般用 dB 表示。

在无线通信中，为了避免同信道干扰，必须保证接收机输入端的信号与同信道干扰之比大于或等于射频防护比。从这一关系出发，可以研究同信道复用距离。当然，有用信号和干扰信号的强度不仅取决于通信距离，还与调制方式、电波传播特性、要求的可靠通信概率、无线小区半径 r、选用的工作方式等因素有关。因此，在不同情况下射频防护比也有所不同。表 1-3 列出了有用信号与无用信号载频相同时的射频防护比。

表 1-3 射频防护比

有用信号类型	无用信号类型	射频防护比/dB
窄带 F3E, G3E	窄带 F3E, G3E	8
宽带 F3E, G3E	宽带 F3E, G3E	8
宽带 F3E, G3E	A3E	8
窄带 F3E, G3E	A3E	10
窄带 F3E, G3E	F2B	12
A3E	宽带 F3E, G3E	8~17
A3E	宽带 F3E, G3E	8~17
A3E	A3E	17

表中信号类型代号的意义是：①第一个符号：F 代表调频，G 代表调相，A 代表双边带调幅；②第二个符号：表示调制信号的类别，如 3 代表模拟单信道，2 代表数字单信道；③第三个符号：表示发送信息类别，如 E 为电话，B 为自动接收电报。

（2）同频单工方式

同频单工方式的同信道干扰示意图如图 1-12 所示。基地台 A 和 B 的无线服务区半径为 r，两个基地台相隔一定距离同频工作。假设基地台 A 处于接收状态，移动台 M 处于发送状态，由于采用的是同频单工方式，收发使用相同频率，此时移动台 M 处于无线服务区的边缘，所以基地台 A 正处于接收有用信号最弱的情况。与此同时，如果基地台 B 也处于发送状态，虽然距离较远，但由于其天线高度远高于移动台 M，发送功率也远远大于移动台 M，基地台 A 还是会收到基地台 B 的同信道干扰信号。如果基地台 A 接收机输入端的有用信号与同信道干扰信号之比等于射频防护比，此时两基地台之间的距离 D（即同信道复用距离）等于被干扰的接收机至干扰发射机的距离 D_I，可表示为

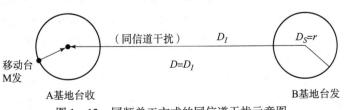

图 1-12 同频单工方式的同信道干扰示意图

$$\frac{D}{D_S} = \frac{D}{r} = \frac{D_I}{r} \qquad\qquad (1-15)$$

式中，D/r 称为同信道复用比。

（3）双工方式

双工方式的同信道干扰示意图如图 1 – 13 所示。在双工情况下，收发使用不同的频率，移动台 M 若置于 A 基地台到 B 基地台的连线上，最易受到基地台 B 的干扰。若被干扰接收机至干扰发射机的距离为 D_I，则同信道复用距离（A、B 两基地台之间的距离）为

$$D = D_S + D_I = r + D_I \qquad\qquad (1-16)$$

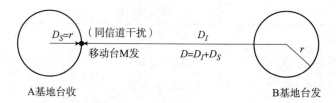

图 1 – 13　双工方式的同信道干扰示意图

在工程设计中，通常是利用统计得到的电波传播曲线来计算同信道复用距离，这样既方便，又较准确。图 1 – 14 给出了同频单工和双工方式时的同信道复用距离。例如基地台天线有效高度为 50 m，移动台天线高度为 2 m，$r = 10$ km，$S/I = 22$ dB（信号与噪声的比值），若要计算同信道复用距离，可由图 1 – 14 中的电波传播曲线求解。

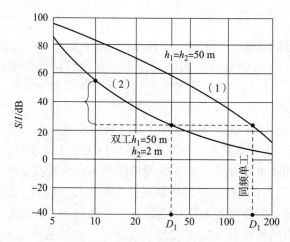

图 1 – 14　同频单工和双工方式同信道复用距离确定图

在双工情况下，有用信号和干扰信号的传播曲线均为曲线（2）。在同频单工情况下，有用信号的传播曲线应该仍用曲线（2），而干扰信号的传播曲线应使用曲线（1）。在同频单工情况下的同信道复用距离，比双工情况下的同信道复用距离大得多，这是因为单工情况下，基地台 A 接收机干扰信号来自基地台 B 的高天线（$h = 50$ m），而有用信号却是来自移动台的低天线（$h = 2$ m），传播条件比较差。在双工情况下，移动台接收机的有用信号来自基地台 A 的高天线，干扰信号来自基地台 B 的高天线，传播条件是相同的，所以强有用信号把弱干扰信号完全抑制掉，使干扰不起作用。

以上分析仅考虑了一个同信道干扰源，实际上，在小区制无线通信系统中，一个台的同信道干扰源往往不止一个。在多个同信道干扰源的情况下，干扰信号电平应以功率叠加方式获得。

3. 互调干扰

在无线通信系统中，存在着各种各样的干扰，而互调干扰是组网时必须考虑的问题。互调干扰是由传输信道中的非线性网络所产生的，当几个不同频率的信号同时加入一非线性网络时，就会产生各种组合频率成分，这些成分便构成干扰信号。无线通信系统中的互调干扰主要有三种：发射机互调、接收机互调和外部效应引起的互调。发射机互调和接收机互调在非线性电子线路中已做了详细的论述。外部效应引起的互调，主要是由于发信机高频滤波器及天线馈线等插接件的接触不良，或发信机的拉杆天线螺栓等金属件锈蚀所产生的非线性作用引起的互调现象。如果保证接插件部位接触良好，防止金属构件锈蚀，互调现象可以避免。

假定接收机的输入回路较差，有用信号频率为 ω_0，频率分别为 ω_A、ω_B、ω_C 的干扰信号同时进入接收机高频放大器或混频级，这些信号在非线性特性的作用下，将产生许多谐波和组合频率分量。其中三阶互调干扰有两种类型，即二信号三阶互调和三信号三阶互调，其表示式分别为

$$2\omega_A - \omega_B = \omega_0$$
$$\omega_A + \omega_B - \omega_C = \omega_0 \qquad (1-17)$$

根据同样的方法可求得三阶以上的互调干扰表达式，但由于高次谐波的能量很小，所以在工程设计中，可以忽略五阶互调的影响。但对小区制、多信道共用组网时，则应重视五阶互调的影响。对多信道无线通信系统，在频率分配时，为避免三阶互调干扰，应适当选择不等频距的信道，使它们产生的互调产物不致落入同组中任意工作信道。选择信道组的原则是：信道组内无三阶互调产物，且占用频段最小。根据这一原则确定的无三阶互调干扰的信道组见表 1-4。

表 1-4 无三阶互调信道组

需用信道数	最小占用信道数	无三阶互调信道组的信道序号	信道利用率/%
3	4	1，2，4	75
4	7	1，2，5，7 1，3，6，7	57
5	12	1，2，5，10，12 1，3，8，11，12	41
6	18	1，2，5，11，16，18 1，2，5，11，13，18 1，2，9，12，14，18 1，2，9，13，15，18	33

需用信道数	最小占用信道数	无三阶互调信道组的信道序号	信道利用率/%
7	26	1, 2, 8, 12, 21, 24, 26 1, 3, 4, 11, 17, 22, 26 1, 2, 5, 11, 19, 24, 26 1, 3, 8, 14, 22, 23, 26 1, 2, 12, 17, 20, 24, 26 1, 4, 5, 13, 19, 24, 26 1, 5, 10, 16, 23, 24, 26	27
8	35	1, 2, 5, 10, 16, 23, 33, 35 1, 3, 13, 20, 26, 31, 34, 35 …	23
9	46	1, 2, 5, 14, 25, 31, 34, 41, 46 …	20
10	56	1, 2, 7, 11, 24, 27, 35, 42, 54, 56 …	18

分析表明，这些信道构成的规律为：如果任意两个信道序号差值都不相等，则该信道组是无三阶互调的信道组，否则，就有三阶互调干扰。

由表 1-4 可见，在占用频段内，只能选用一部分信道构成无三阶互调信道组，频段利用率不够高。一般情况下，需要的信道数越多，频段利用率就越低，因此，需要信道数很多或在频率拥挤的地域，采用无三阶互调信道组工作是很难实现的。但是，在小区制无线通信系统中，若每个小区使用的信道数较少，则可以采用信道的分区分组分配法来提高频段利用率。这种方法是以无三阶互调信道组为基础进行频率分配的。需要指出的是，选用无三阶互调信道组工作，三阶互调产物依然存在，只是不落在本系统的工作信道之内，然而，三阶互调产物可能落入其他系统，对其他系统造成干扰。

4. 近端对远端的干扰

在无线通信系统中，当基地台同时接收从几个距离不同的移动台发来的信号时，若这些信号的频率相同或相近，则距基地台最近的移动台就会对距离远的移动台造成干扰或抑制，甚至有些信号会被淹没，使基地台很难收到远距离的移动台的信号，这就是近端对远端的干扰，也称为远近效应，如图 1-15 所示。

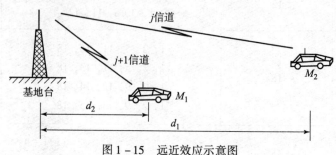

图 1-15　远近效应示意图

一般情况下，各移动台的发射功率相同，因此，两移动台至基地台的功率电平差异取决于传输路径损耗，这一差值定义为"近端对远端的干扰比"，用 ξ 表示：

$$\xi_{d_1,d_2} = L(d_1) - L(d_2) \quad (\text{dB}) \tag{1-18}$$

式中，$L(d_1)$ 为远距离（d_1）移动台信号路径损耗；$L(d_2)$ 为近距离移动台信号路径损耗。

为了估算近似的 ξ 值，根据近地面干涉场理论可知，其路径损耗约与距离的 4 次方成正比，即增加 10 倍距离，损耗增加 40 dB，故近端对远端的干扰比为

$$\xi_{d_1,d_2} = 40\lg\left(\frac{d_1}{d_2}\right) \quad (\text{dB}) \tag{1-19}$$

设图 1-15 中 $d_1 = 10$ km，$d_2 = 0.1$ km，则 $\xi_{d_1,d_2} = 80$ dB。如果需要的信号干扰比为 15 dB，则必须使接收机选择性回路对近距离移动台的信号有 95 dB 的衰减，这样才能保证对远距离移动台信号的接收。

在无线通信系统中，远近效应的问题比较突出，为了克服这种干扰，可以增大频距，减小场强的变化范围，采用自动功率控制电路。移动台根据收到基地台信号的强弱，自动调节自己的发射功率，缩小无线服务区，降低移动台的发射功率。

看一看

无线通信中的干扰

1.2.5　无线接入方式

读一读

接入方式主要负责完成与介质接口并协调无线信道里多个终端顺利工作的任务。大多数的多址接入方式最初都是针对有线网络开发的，后来才被无线网络所采用。

1. 面向语音网络中的固定分配接入

目前所有的面向语音的无线网络都采用固定分配信道接入或信道分割技术，比如蜂窝电话或 PCS 业务。在固定分配接入技术里，一个用户在通信会话过程中会按照预先确定的原则分配到一个固定信道资源，比如频率、时间和扩频码。三种基本的固定分配多址技术是 FDMA、TDMA 和 CDMA。选择何种接入方式会对网络提供的容量和 QoS 产生很大的影响。多址技术的影响非常大，通常人们提到各种面向语音的无线系统时，只用它们的接入方式来代替，像 GSM 和北美 IS-136 数字蜂窝标准一般被称作 TDMA 蜂窝系统，而 IS-95/IMT-2000 标准被称为数字 CDMA 系统，实际上，接入技术其实只是网络空中接口规范的一部分。

图 1-16 描述了不同接入方式和双工方式的系统特点。接入方式与双工方式在概念上的区别是：前者是在一对多、多对一的通信系统中，将不同用户区分开来实现多方同时通信的方式；而后者则描述了通信双方同时进行双向通信的规则。

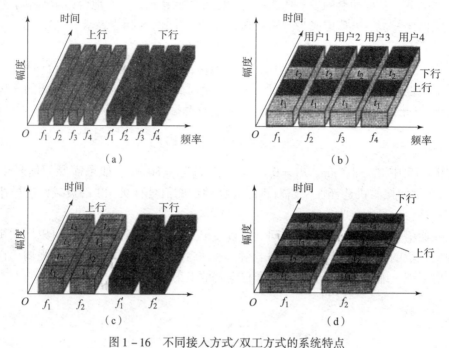

图 1-16 不同接入方式/双工方式的系统特点

（a）FDMA/FDD；（b）FDMA/TDD；（c）TDMA/FDD；（d）TDMA/TDD 和多载波

2. 面向数据网络中的随机接入

随机接入方法是在计算机通信时，为了传输突发性数据而产生的。在讨论固定分配接入方法时，注意到对于用户有稳定的信息流需要传输的情况，这种方法具有高效率的通信资源利用率。例如，在数字语音传输和数据文件传输或者传真时，情况的确如此，然而如果待传输的信息不是连续或者本质上是突发性的，就不再适合采用固定分配的接入方法。

（1）移动数据业务中的随机接入方案

移动数据网络中采用的随机接入方案可分为两类：第一类包括基于 ALOHA 的接入方案，采用这种方案的移动终端互相不经过协调，各发各的竞争分组；第二类是基于载波侦听的随机接入技术，在这种方案里，终端在发送自己的分组之前，先侦听信道是否可用。

（2）无线局域网的接入方案

与广域网相比，局域网工作距离更近，因此传播延迟更小，传输介质很适合采用各种 CSMA 协议。低速率的广域网适合传送非常短的消息，而局域网设计得适合以高速数据速率传送大文件。当数据分组的长度变长时，考虑分组冲突就更有意义。局域网通常采用 CSMA 协议的变体，或者一旦检测到分组冲突，就停止发送，或者增加额外的特点来避免冲突。

CSMA/CD 被应用于很多基于 IR 的局域网，其发送和接收都是定向的。在这种情况下，发送器总是用自己发射的信号与从其他终端接收到的信号进行比较来检测冲突。无线电波传播不是定向的，这使得在自己发射期间确定其他终端的发射有困难。因此，冲突检测机制不适合无线局域网。然而兼容性对局域网非常重要，因此网络设计人员不得不考虑 CSMA/CD 与以太网骨干局域网的兼容性，后者在有线局域网领域占主导地位。

尽管在有线网络里实现冲突检测很容易，只需要检测电平，再和某一阈值电平进行比较即可，但在无线信道中，由于衰落和其他信道的特性，从而无法采用这种简单的技术。一个可以被用来检测冲突的简单办法是让发射站首先对信道的信号进行解调，解调之后将所得信息与自己发射信息相比较，如果二者不一致，则认为是发生冲突了，应立即终止发射分组。

图 1–17 演示了 CSMA/CA 协议被 IEEE 802.11 无线局域网标准采纳。IEEE 802.11 中 CSMA/CA 的基本单元是帧内间隔（IFS）、竞争窗（CW）和后退计数器。竞争窗间隔用来竞争并发送分组。IFS 是两个竞争窗之间的间隔。后退计数器用于组织发送分组的后退程序。操作的具体原理用例子来说明。

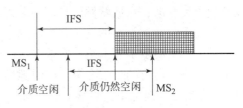

图 1–17　IEEE 802.11 采用的 CSMA/CA

图 1–18 为一个 IEEE 802.11 标准中采用的 CSMA/CA 机制的工作示意。有 A、B、C、D 和 E 五个站为了发射自己的数据帧而参与竞争。此时 A 站有一个帧在空中发射，B、C 和 D 站侦听信道并且发现信道正忙，于是它们各自允许随机数发生器来随机产生一个后退时间。C 站在 D 和 B 站之后得到一个最小的数。三个终端继续侦听信道并且推迟各自的发射，直到 A 终端的发射完成。完成后三个终端等候 IFS 周期，一旦此周期结束，它们立即开始计数。第一个完成计数的终端，在本例中是 C 站，在等待时间计数完毕之后开始其帧发射。其余两个终端 B 和 D，将各自计数器停止在 C 站开始发射时候的计数值。在 C 站发射的过程中，E 站开始侦听信道，运行自己的随机数发生器，在本例中得到一个比 D 站剩余计数大，但是比 B 站剩余计数小的随机计数值，因此，在 C 站传输完毕之后推迟自己的发射。按照和先前同样的方式，所有终端要等候 IFS 周期，然后开始计数。D 站最早完成自己的随机等候时间，开始发射自己的分组。同时，B 站和 E 站暂停自己的计数器，等待 D 站完成帧传输及之后的 IFS 周期，然后它们再次启动计数。由于 E 站的计数器首先计数到零，于是 E 站开始发射数据，B 站暂停计数。在 E 站完成帧传输及 IFS 周期之后，B 站的计数器一直计数到零并且开始发射帧数据，这样的后退策略比起 IEEE 802.3 标准中的指数后退方案，其优势在于无须冲突检测程序，并且等候时间是公平分布的，平均来说，执行了先来先服务的原则。

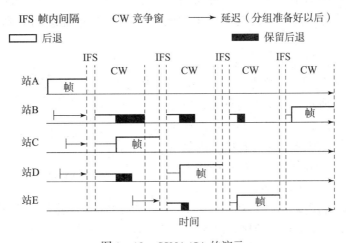

图 1–18　CSMA/CA 的演示

无线局域网中另一个与避免冲突有关的技术是梳状技术。如图 1-19 所示，时间被分为梳形时间和数据传输时间。在梳形时间内，每一个站根据被分配的码在传输和侦听周期之间轮换。所有的站将继续推近它们的码，直到它们在侦听周期内侦听到载波。如果在码的末尾没有侦听到载波，它们就发送自己的分组。如果侦听到载波，它们就推迟自己的发送，直到下一个梳形时间。下面的例子将阐明这个原理。

图 1-19 演示了三个站：终端 A (11101)、终端 B (11010)、终端 C (10011)，各自有五个数字码。所有的终端在第一个时隙发射自己的载波，因为在第一个时隙里，所有的码都是 1。在第二个时隙里，终端 C 首先侦听，发现已经有其他两个终端的载波，于是 C 暂停自己的发送，并等待下一个梳形时间。在第三个时隙，B 站进入侦听状态，在侦听到 A 的载波之后终止自己的发射，直到下一个循环。终端 A 一直继续轮换传输与侦听的过程，直到梳形时间结束，然后它开始发送自己的分组（因为它没有侦听到其他终端）。在终端 A 完成数据传输之后，其他两个终端将等待分组之间的空闲，展开新的竞争，此后 B 站发送自己的分组。C 站将在两个传输周期之后发送。

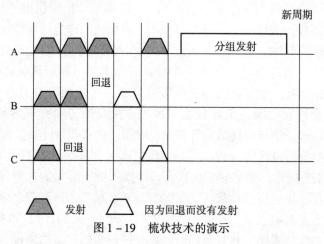

图 1-19　梳状技术的演示

在 CSMA/CA 方案里，将会看到，优先级是通过把 IFS 时隙分割成几个不同大小并且具有不同优先级的间隔来实现的。在梳形方案里，可以为不同的码分配不同的等级来实现优先级。具有较低优先级的码会较早地出现零，而较高优先级的码则在后面的间隔内出现零。

无线局域网中还采用另外一种接入技术，叫作请求-发送/清除-发送机制（RTS/CTS），如图 1-20 所示。一个准备好可以发送的终端发送一个短的 RTS 分组，其中包括源地址、目的地址和所要发送分组的长度，则目的站会以一个 CTS 分组作为响应，源终端将无须竞争就发送分组。当目的终端进行应答之后，

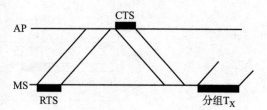

图 1-20　IEEE 802.11 中的 RTS/CTS 技术

信号将可以用于其他用途。IEEE 802.11 标准除了支持 CSMA/CA 外，也支持这种特性。这种接入技术为终端提供了唯一的接入权利，并且没有任何冲突。

看一看

无线介质的接入方式

模块 1.3 了解短距离无线通信

1.3.1 短距离无线通信的定位

读一读

一般意义上,只要通信收发双方通过无线介质(无线电微波、红外线等)传输信息,并且传输距离限制在 100 m 以内,都可以称为短距离无线通信。人们所熟悉的 Wi-Fi、Bluetooth、ZigBee、UWB、IrDA 等无线通信技术,均属于短距离无线通信技术的范畴。几种常见的短距离无线通信技术通信范围及数据传输速率如图 1-21 所示。

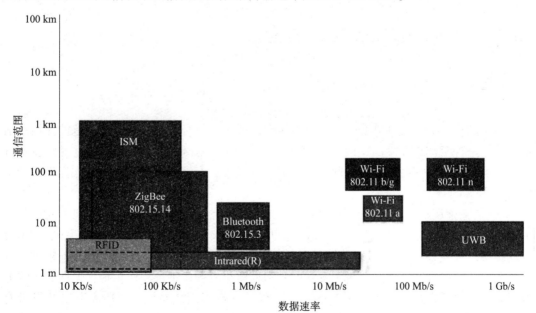

图 1-21 几种常见的短距离无线通信技术

根据数据传输速率的差异,短距离无线通信可分为高速短距离无线通信技术和低速短距离无线通信技术。高速短距离无线通信技术数据传输速率最高可超过 100 Mb/s,目前主要应用于连接下一代便携式消费电器和通信设备。可以支持各种高速率的多媒体应用、高质量的声像配送、多兆字节音乐和图像文档传输等。其典型技术为高速 UWB 技术。而低速短距离无线通信技术的最低数据传输速率不超过 1 Mb/s，主要用于家庭、工厂与仓库的自动化控制、安全监视、保健监视、环境监视、军事行动、消防、货单自动更新、库存实时跟踪及游戏和互动式玩具等方面的低速应用。Bluetooth、ZigBee 等均属于低数据速率通信技术的范畴。

近年来，随着人们对信息传输的要求日益提升，短距离无线通信技术也有了飞速发展，成为人们生活中必不可少的一部分。尽管短距离无线通信技术种类繁多，但仔细研究也不难发现它们存在一些共性：

（1）低功耗

由于短距离无线通信技术对于通信距离、传输速率、传输数据量等方面的要求不是很高，因此设备的功耗通常较低。这不仅提高了设备的便携性和移动性，也避免了设备间的相互干扰。

（2）低成本

与远距离通信相比，短距离无线通信设备的成本低。例如，每个移动基站价值一般都在百万元人民币以上，而每个 ZigBee "基站" 却不到 1 000 元人民币。因此，短距离无线通信在消费电子领域使用量大。

（3）通信距离较短

短距离无线通信技术由于通信距离受限，因此多在室内环境下应用。

（4）免许可证

大多数短距离无线通信技术使用工业、科学、医学使用的免许可证频段，即 ISM 频段。免许可证增强了其通用性和民用性。

1.3.2　几种常见的短距离无线通信技术

🔄 读一读

1. Wi-Fi

Wi-Fi 全称为 Wireless Fidelity，是 1997 年制定的一个符合 IEEE 802.i1 规范的无线通信技术，也是一种工作在 2.4 GHz 或 5 GHz 频段的无线通信技术。Wi-Fi 可以通过射频技术进行数据传输，可以使一些有线局域网力所不能及的地方拥有网络覆盖，进而给人们生活带来极大便利。

Wi-Fi 传输速度快、接入成本低、覆盖范围广，在社会生活各个领域中得到了应用。在掌上设备、日常休闲等消费型电子领域，它可以将个人电脑、手持设备（如手机、PAD）等移动终端以无线方式接入互联网共享网络资源；在医疗保健领域，它可以用来连接中央分析计算系统和个体患者，通过分析系统随时随地监测患者身体情况，医生根据返回的数据分析患者病情，给病人进行及时、适当的调整建议；在汽车制造领域，制造商可以开发带有 Wi-Fi 功能的汽车系统，装载车载仪表设备与各种通信设备，如在车上安装安全提示系统，在快到路口的合适距离提醒驾驶员打转向灯，在进入隧道前提醒减速和开灯等，可以为不熟悉路况和技术不熟练的驾驶员提供很大的安全保障；在电子商务领域，它可以通过安全可靠的网络，满足客户随时随地的购物需求，从而带来更多的客户。

然而，Wi-Fi 的使用也具有一定的局限性。首先是通信距离受限。其信号会随着距离的增加而呈现减弱的趋势，同时，外界雷雨、雪、雾等天气也会使无线电波受到极大衰减，从而干扰信号传播，因此，必须处于 Wi-Fi 的有效网络覆盖面积之内才能使用 Wi-Fi 连接到互联网络，一般的 Wi-Fi 网络覆盖面积目前只达到 100 m 左右。其次是终端的移动性受限。目前，通信双方只有在静止或步行的情况下才能保证其通信质量，若移动频率增高，将会使通信受到影响。最后，Wi-Fi 的使用需要热点和支持 Wi-Fi 的移动终端两个必备条件，但目前热点和支持 Wi-Fi 的移动终端都比较有限，且只能作为上述特定条件下的应用，使得 Wi-Fi 的应用受到很大限制。为了使 Wi-Fi 应用到更广、更普遍的领域，要求有线网络和热点的普及，这就需要创建泛在网。

近年来，在物联网、互联网、电信网、传感网等网络技术的共同发展下，实现社会化的泛在网也逐渐形成。"泛在网"（Ubiquitous），又称"U"网络，即广泛存在的多种网络无缝地融合在一起形成执行统一标准的网络。在泛在网的技术平台上，Wi-Fi 将应用到更多的领域和产品上。除了笔记本电脑、移动手机、数码相机等终端电子产品外，在医疗监测、安全管家、数字化家电、质量检测、安全监控等领域也有广阔的应用空间。可以说，泛在网的发展为 Wi-Fi 提供了更广阔的应用空间。

2. 蓝牙

蓝牙无线通信技术，是一种无线数据与语音通信的开放性全球规范，它以低成本的短距离无线通信为基础，为固定与移动设备的通信环境提供特别连接的通信技术。2.4 GHz 为蓝牙的工作频率，通信范围在 10 m 之内。由于蓝牙具有可以方便快速地建立无线连接、移植性较强、安全性较高且蓝牙地址唯一、支持微微网与散射网等组网工作模式、设计开发简单等优点，近几年来在众多短距离无线通信技术中备受关注。

蓝牙无线通信技术实现了短距离数据连接，可以在没有互联网的情况下实现设备的无线互联。蓝牙键盘和鼠标是将电子计算机作为一种无线连接的基础；蓝牙打印机不但可以让多台计算机进行打印，同时还能实现资源的共享；智能手机、照相机和电脑都是使用蓝牙无线连接或数据传输的；办公室中的多台电脑可以通过蓝牙实现无线网络局域网；蓝牙在无线语音通信技术中的应用更多，例如蓝牙耳机、腕表、车钥匙、电子笔等，都是蓝牙技术的日常应用领域。由于蓝牙可以在短距离内实现信息的传递，因此，在工程建筑中或者其他行业都广泛应用。它让工程建筑的空间实现了统一管理，还让建筑过程中技术和设备得到了更好的融合，让工程的机械作业更高效。

蓝牙技术的应用优势如下：首先，采用 FEC 能抑制随机噪声，采用二进制调频技术抑制干扰和衰落，因此，系统通信更加稳定。其次，能促使计算机、手机、平板电脑、耳机等多种设备连接在一起，基于语音服务、数字接入服务，数据传输效率更高，拓宽了无线通信的路径。最后，该技术不仅使用成本低，而且维护工作量小，因此综合成本低。可以预见，蓝牙无线通信技术未来应用会更加广泛。

3. ZigBee

ZigBee 技术是一种基于 IEEE 802.15.4 标准的局域网协议，其功耗较低。ZigBee 技术的原理源于蜜蜂的"八字舞"，蜜蜂在采蜜时，通过飞翔和翅膀抖动将所得到的花粉信息传递给同伴，ZigBee 技术就是依照这一原理形成的，因此 ZigBee 技术也被称为"紫蜂协议"。

ZigBee 技术主要应用于远程控制和自动控制领域。ZigBee 技术的传输速率虽然较低，但其反应速度非常快，通常只需几毫秒便可迅速地将设备自休眠状态转为工作状态。另外，其安装、维修成本较低，且功率低、时延短，具有高网络容量及安全性，此外，稳定性也比较高。因此，总体来说，相对其他短距离无线通信技术而言，ZigBee 技术是一种较为便宜的通信技术。

ZigBee 技术的主要特点是传输速率低，通常保持在 20 ~ 25 Kb/s，功耗低、网络容量大而成本低。据相关研究表明，每一个 ZigBee 设备与其他设备相连接的个数最高可达 254，从而使得每个 ZigBee 网络最高可拥有 255 个节点，其覆盖范围可达 10 ~ 75 m，普通家庭或办公环境都可利用 ZigBee 技术实现无线通信。此外，ZigBee 技术所使用的频段相对灵活，其不但可以利用 2.4 GHz 这一全球通用频段，而且可以使用欧洲的 868 GHz 频段及美国的 915 MHz 频段。

4. IrDA

IrDA 是一种利用 850 nm 的红外线进行点对点通信的技术。IrDA 可以将二进制信息转化为脉冲串信号，完成数据信息的传播与收集。就目前我国的实际技术层次来看，主要通过调整脉冲宽度和脉冲间隔两种方式来进行数据信号的处理。相较于传统技术来说，红外通信技术的传播速度也非常快，起初，IrDA 只能在 1 m 的有效传输范围内以 115.2 Kb/s 速率传输数据，但是数据传输速率很快便提高至 4 Mb/s，甚至 16 Mb/s，具有显著的优势，已经在我国通信体系中得到了较好的应用。

红外通信技术的应用优势如下：第一，不需要申请频率使用权，能降低通信成本；第二，体积小，功率低，连接方便且操作简单；第三，采用点对点连接形式，由于红外线的发射角度小，因此受到的干扰少，提高了数据传输的安全性。在实际应用中，该技术的通信距离明显扩展，适合在家庭或办公室使用。另外，笔记本电脑上有红外通信口，可以和其他红外设备连接并传输数据。

红外通信技术在实际应用中也存在一定的问题和缺陷，正是由于这些问题很难得到有效的根治与解决，使得这项技术在实际应用中也出现了困境，无法实现快速、稳定的发展。首先，这项技术在使用过程中非常依赖红外光，并且这也是整体技术进行数据传播的关键。而在使用红外线的时候，设备的输出、输入端之间应该保持在一条直线上，同时，两者之间不能存在障碍物，以保证红外光的传播不会受到阻碍。这也使得技术的使用对于外界环境有了特定的限制。其次，这项技术在使用过程中还应该保证信号传播的持续性。如果在传播过程中出现了信号中断传输的情况，那么最终接收到的数据信息也是不完整的，影响了最终信号传播的质量。最后，这项技术在我国通信体系中的具体应用还比较有限，如果想要充分发挥这项技术的价值与作用，那么在下一步的发展中必须要有针对性地进行拓展与开发。

上述几种短距离无线通信技术的比较见表 1 - 5。

表 1 - 5　几种常见的短距离无线通信技术比较

名称	工作频段	传输速率	有效距离/m	网络节点	成本
Wi-Fi	2.4 GHz/5 GHz	5.5/11/54/160 Mb/s	100	50	较高
蓝牙	2.4 GHz	1/3/24 Mb/s	10	8	一般
ZigBee	868/915 MHz 2.4 GHz	20/40/250 Kb/s	10 ~ 100	65 000	最低
IrDA	850 nm	115.2 Kb/s 4/16 Mb/s	定向 1	2	较低

看一看

常见的短距离无线通讯技术

模块 1.4　初识 MATLAB

1.4.1　MATLAB 软件简介

读一读

MATLAB 是 matrix& laboratory 两个词的组合，意为矩阵工厂（矩阵实验室），是美国 MathWorks 公司出品的商业数学软件，用于算法开发、数据可视化、数据分析及数值计算的高级技术计算语言和交互式环境。它将数值分析、矩阵计算、科学数据可视化及非线性动态系统的建模和仿真等诸多强大功能集成在一个易于使用的视窗环境中，为科学研究、工程设计及必须进行有效数值计算的众多科学领域提供了一种全面的解决方案，并在很大程度上摆脱了传统非交互式程序设计语言（如 C、Fortran）的编辑模式，代表了当今国际科学计算软件的先进水平。

MATLAB 的优势特点较多，主要体现在以下几方面：

（1）具有高效的数值计算能力

MATLAB 包含大量函数和算法，可以方便地实现各种计算功能。具体函数包括基本函数、矩阵、特征向量、快速傅里叶变换等，采用的算法都是经过优化和容错处理的最新研究成果。利用其高效的数值计算和符号计算等功能，可以帮助用户摆脱繁杂的数学运算和分析过程，大大减少编程的工作量。

（2）具有完备的图形处理功能

MATLAB 软件具有可视化的数据处理功能，可以方便地将所要计算的矩阵和向量用图形直观地呈现出来。另外，其还能够实现高层次的作图，包括二维、三维、四维数据的可视化、图像处理、动画和表达式作图，极大方便了科学计算和工程绘图。

（3）具有友好的人机交互界面

MATLAB 软件具有友好的图形用户界面，如命令窗口、编辑器、调试器、工作空间等功能模块，操作起来易学易懂。MATLAB 软件编程采用近似数学表达式的自然化语言，用户学习和掌握也很快捷。MATLAB 软件编程环境非常友好，编辑的程序可直接运行调试，出现编程错误能够及时报告，并给出错误原因分析，大大提升了编程效率。

（4）具有丰富的应用工具箱

MATLAB 软件拥有数百个内部函数，对许多专门的领域（如信号处理工具箱、通信工具箱等）都开发了功能强大的模块集和工具箱，用户可以直接使用工具箱进行学习、应用和评估。此外，用户还可以对这些工具箱进行修改或加入自己编写的程序，以构造新的专用工具包。

1.4.2　MATLAB 软件的基本操作

读一读

1. MATLAB 界面介绍

本书以 MATLAB 2017 为例，对 MATLAB 软件进行介绍。MATLAB 2017 软件界面如图 1-22 所示。包括标题栏、菜单栏、命令行窗口、当前目录窗口及工作区。

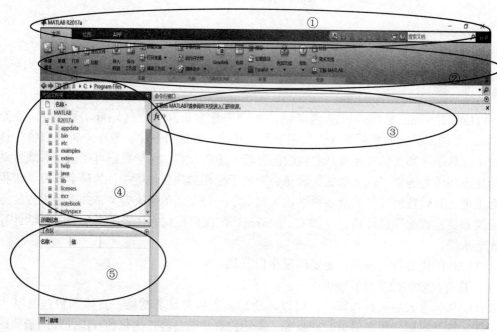

图 1-22　MATLAB 2017 软件界面

（1）标题栏

位于工作界面的顶部，如图 1-23 所示，起到操作说明的作用，分为主页、绘图、APP，可以有效地让用户及时找到自己需要的命令，并第一时间使用，非常便利。

图 1-23　标题栏

（2）菜单栏

包括"主页"选项卡、"绘图"选项卡和"APP"选项卡。

"主页"选项卡如图 1-24 所示，里面包含了"新建脚本""新建""打开""导入数据""保存工作区""新建变量""SIMULINK""布局"等命令。

图 1 - 24 "主页"选项卡

"绘图"选项卡如图 1 - 25 所示，包括图形的绘制、编辑命令等。

图 1 - 25 "绘图"选项卡

"APP"选项卡（"应用程序"选项卡）如图 1 - 26 所示，其显示多种应用程序命令，里面有曲线拟合应用程序等。

图 1 - 26 "APP"选项卡

（3）命令行窗口

命令行窗口如图 1 - 27 所示。在这个窗口中，可以进行各种计算操作，也可以通过输入命令调用各种 MATLAB 工具，还可以查看相关的命令说明，十分方便。

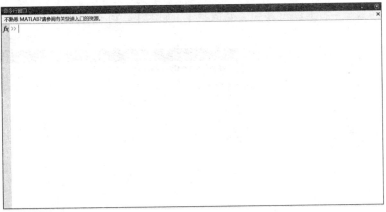

图 1 - 27 命令行窗口

（4）当前目录窗口

当前目录窗口如图 1 - 28 所示。在这个窗口中，可以显示和改变当前目录或者查看当前目录下的文件，方便用户快速查找所需要的文件。

（5）工作区

工作区如图 1 - 29 所示。工作区会显示当前及往期的操作所产生的数据，相当于内存条，储存数据，便于用户查找及使用。

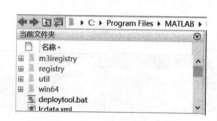

图1-28 当前目录窗口

图1-29 工作区

2. MATLAB 中的基本概念

（1）函数

MATLAB 之所以强大，就是因为其提供了大量的函数。此外，用户也可以建立自定义函数，具体可以通过选择"主页"→"新建"→"函数"的方法实现。自定义函数一般保存在工作路径下。函数文件的扩展名为 .m，内容的第一行以 function 开头，后续内容是"输出变量 = 函数名（输入变量）"，且函数名和文件名相同。

每个函数在命令行窗口中运行，用来完成特定的计算任务，运行方式是输入"输出变量 = 函数名（输入变量）"，然后按 Enter 键。

例如，MATLAB 中的求绝对值函数，函数名为 abs，若要求 -1 的绝对值，则可以在命令行窗口中输入"a = abs(-1)"，就会显示运算结果为"a = 1"。同时，运算结果会在工作区里出现一个变量 a，双击后可看到 a 的值是 1，如图 1-30 所示。

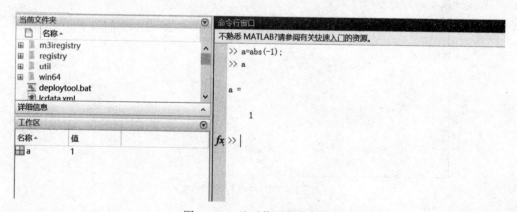

图1-30 绝对值函数的使用

（2）脚本

脚本可以理解为特殊的函数，该函数的开头没有标注 function，因此没有输入、输出变量，也没有函数名。文件扩展名和函数一样，是 .m，也需要在命令行窗口里运行。脚本都是用户建立的，方法是：选择主页→新建脚本。一般保存在工作路径下。脚本的功能就是完成用户需要的、复杂的计算任务。通常脚本里会调用很多函数。

（3）GUI

MATLAB GUI（Graphical User Interface，简称 GUI，又称为图形用户接口）是采用图形方式显示的计算机操作用户界面，是 MATLAB 用户可视化交互式的工具。对于运用 GUI 生成的操作界面，用户可以不用浏览烦冗的代码而进行操作。GUI 不仅深受用户的喜爱，也是工程人员运用 MATLAB 进行可视化操作的捷径，工程人员只需要拖动相应的工具，编写回调函数即可。

选择"主页"→"新建"→"APP"→"GUIDE"，即可打开一个现有的 GUI 文件或新建一个 GUI，如图 1 - 31 和图 1 - 32 所示。

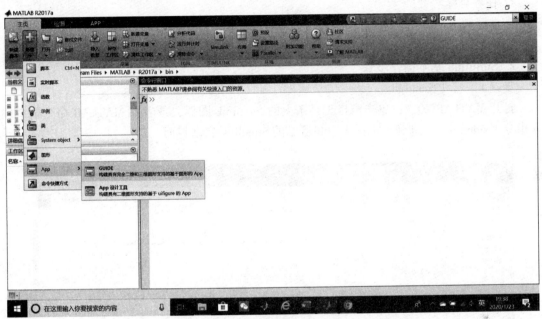

图 1 - 31　GUI 界面打开路径

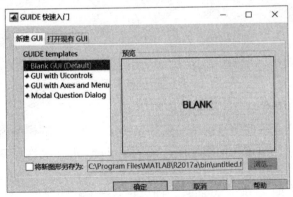

图 1 - 32　新建 GUI 文件方法

（4）工具箱

MATLAB 将功能相近或者应用上自成体系的一组函数和 GUI 打包成一个工具箱。购买正版的 MATLAB 时，几乎每一个工具箱都是要单独收费的，所以工具箱也可以理解为 MAT-LAB 产品的模块，一个工具箱就是一个产品/商品。

（5）Simulink

Simulink 中的"Simu"一词表示可用于计算机仿真，而"Link"一词表示它能进行系统连接，即把一系列模块连接起来，构成复杂的系统模型。作为 MATLAB 的一个重要组成部分，Simulink 由于它所具有的可视化仿真环境、快捷简便的操作方法等特色，成为目前最受欢迎的仿真软件。

仿真训练 1：Simulink 的基本操作

1. 任务目标

①掌握基于 Simulink 进行系统仿真的步骤。

②熟悉 Simulink 模块库，掌握利用模块库进行系统仿真的方法。

2. Simulink 基本操作步骤

步骤 1：启动 Simulink。

打开 MATLAB 2017，单击窗口工具条上的 Simulink 图标，或者在 MATLAB 命令窗口输入指令"simulink"，即弹出如图 1 - 33 所示的 Simulink 启动界面。

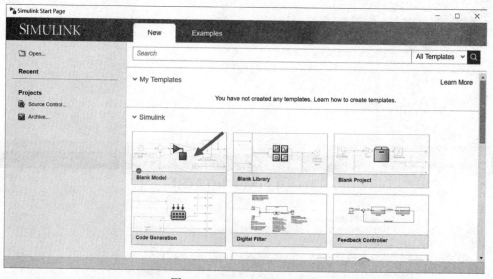

图 1 - 33　Simulink 启动界面

步骤 2：打开空白模型窗口并浏览模块库。

模型窗口用来建立系统的仿真模型。只有先创建一个空白的模型窗口，才能将模块库的相应模块复制到该窗口，通过必要的连接，建立起 Simulink 仿真模型。因此，也将这种窗口称为 Simulink 仿真模型窗口。

①选择图 1 - 33 中的"Blank Model"，即可建立一个新的模型，如图 1 - 34 所示。

②单击图 1 - 34 中的"Library Browser"（库浏览），弹出图 1 - 35 所示的"Simulink Library Browser"界面（模块库窗口）。该界面右边的窗口给出了 Simulink 所有的子模块库。

常用的子模块库包括"Sources"（信号源）、"Sinks"（显示输出）、"Continuous"（线性连续系统）、"Discrete"（线性离散系统）、"Math Operations"（数学运算）、"Discontinuities"（非线性）等。

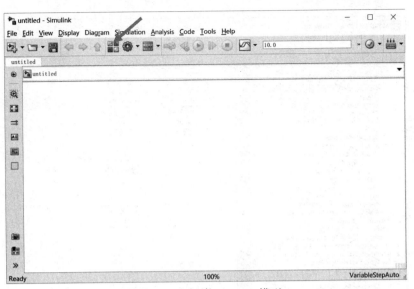

图1-34　新建Simulink模型

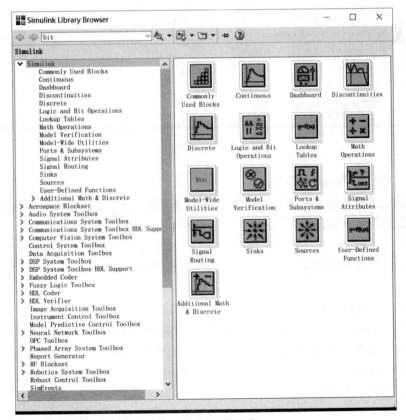

图1-35　子模块库

　　每个子模块库中包含同类型的标准模型，这些模块可直接用于建立系统的Simulink框图模型。可以用鼠标单击某子模块库（如"Continuous"），Simulink浏览器右边的窗口即显示该子模块库包含的全部标准模块，如图1-36所示。

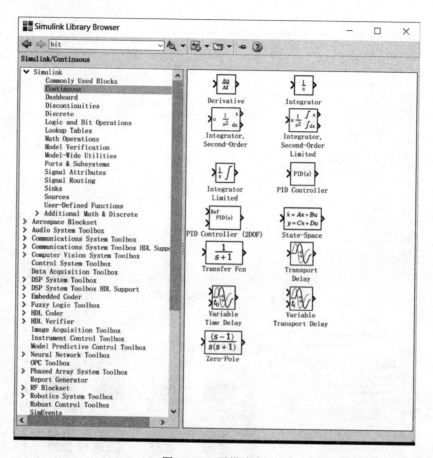

图 1-36　子模块库

步骤 3：建立 Simulink 仿真模型。

①选取模块或模块组。在 Simulink 模型或模块库窗口内，用鼠标左键单击所需模块图标，图标上出现深色底纹，如图 1-37 所示，表明该模块已经选中。

②模块拷贝及删除。在模块库中选中模块后，按住鼠标左键不放并移动光标至目标模型窗口指定位置，释放鼠标即完成模块拷贝。模块的删除只需选定删除的模块，按 Del 键即可。

本步骤中，分别在"Sources"中选择"Sine Wave"（正弦波发生器）；在"Math Operations"中选择"Gain"（放大器）；在"Sinks"中选择"Scope"（示波器）。

③模块参数设置。用鼠标双击指定模块图标，打开模块对话框，根据对话框栏目中提供的信息进行参数设置或修改。图 1-38 及图 1-39 中所示为设置正弦波发生器和放大器参数，其中放大器放大倍数为 3。

④模块的连接。模块之间的连接是用连接线将一个模块的输出端与另一模块的输入端连接起来；也可用分支线把一个模块的输出端与几个模块的输入端连接起来。连接线生成是将鼠标置于某模块的输出端口（显示一个十字光标），按下鼠标左键拖动鼠标将其置于另一模块的输入端口即可。将上述步骤中选择的各个模型连接好，如图 1-40 所示。

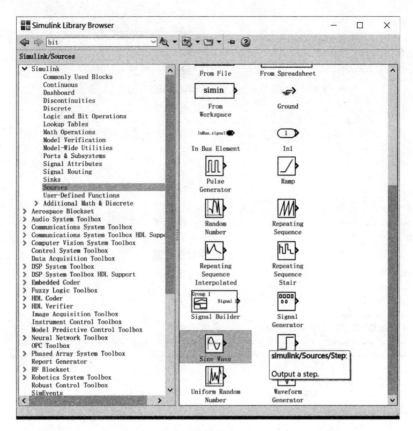

图 1 – 37 选取模块或模块组

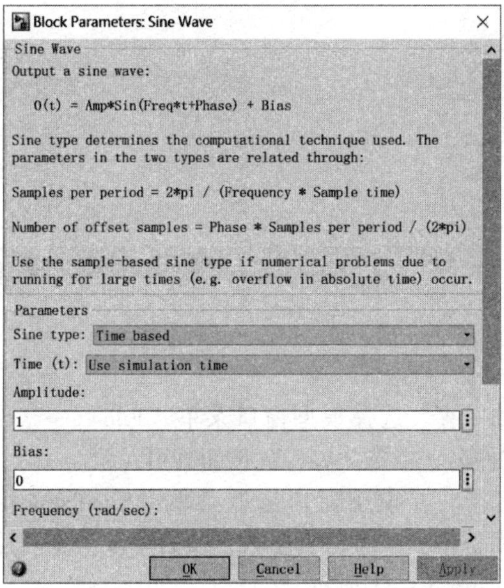

图 1 – 38 设置正弦波发生器

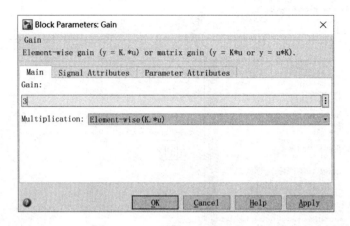

图 1 - 39　设置放大器

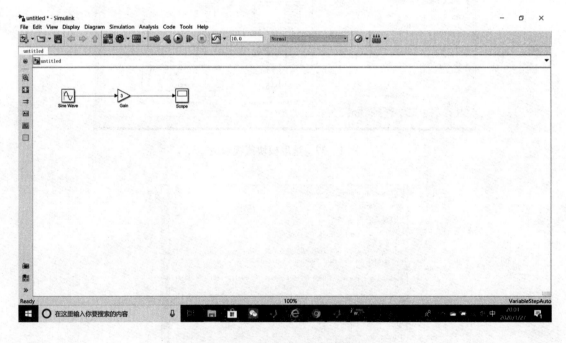

图 1 - 40　连接并运行系统模型

⑤模块文件的取名和保存。选择模型窗口菜单 "File" → "Save as" 后，弹出 "Save as" 对话框，填入模型文件名，单击 "Save" 按钮即可。

步骤 4：系统仿真运行。在模型窗口选取菜单 "Simulation" → "Parameters"，弹出 "Simulation Parameters" 对话框，设置仿真参数，然后单击 "OK" 按钮即可打开示波器，观察放大后的正弦波信号，如图 1 - 41 所示。

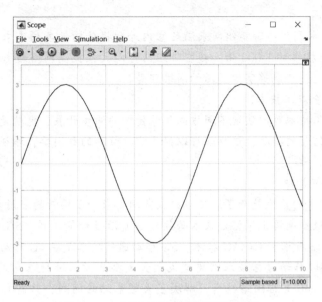

图1-41　利用示波器观察正弦波信号

知识拓展

5G 通信技术

5G 通信技术又称为第五代蜂窝移动通信技术，是在4G（第四代）移动通信技术的基础上发展起来的创新型移动通信技术。与前几代移动通信技术相比，5G 通信技术不仅具有稳定性强、数据传输速率高、系统容量大、延迟低的优势，同时，还能够起到降低能源消耗、节约成本的效果，在性能上有了极大的提升。例如，在数据传输速率方面，4G 移动通信网络的数据传输速率通常在0.1 Gb/s 左右，但在5G 移动通信网络环境下，数据传输速率最高却可以达10 Gb/s，速度提升了近百倍，即便是与英国电信运营商 EE 提供的全球最快4GLTE-LTE-A 网络相比，5G 通信技术的数据传输速率也要快12 倍左右。而在延迟方面，4G 移动通信网络的响应时间通常在50 ms 左右，而5G 移动通信网络则可以将这一延迟降低到1~2 ms，这对于工业制造、医疗、自动驾驶、VR 游戏等领域的物联网发展都有着非常重要的意义。

毫不夸张地说，掌握了5G 的核心技术，就相当于引领了未来50 年世界科技的发展。"4G 改变了人类的生活，而5G 将改变我们整个社会"。那么，5G 移动通信技术的核心技术有哪些呢？

（1）高频段传输

现有的 2G/3G/4G 移动通信技术工作频率主要分布在 3 GHz 以下，长期的通信业务致使这部分频谱资源特别拥挤，而高频段的可利用资源较为丰富，所以5G 移动通信技术采用了高频毫米波段。这样既能减小通信设备尺寸，又能大大提升传输速度。

（2）新型多天线

新型多天线技术是多入多出（MIMO）的通信系统，实现了4G 移动通信技术满足不了的能量效率和频谱效率的数量级的大幅提升需求。

（3）超密集组网

5G 移动通信技术利用超密集组网来满足室内外数据传输的各项需求，进而实现了数据流量是 4G 移动通信技术的 1 000 倍。超密集组网可以大幅提高网络覆盖率和系统容量，既能实现通信业务分流，又能够实现灵活的网络部署。

（4）同时同频全双工技术

同时同频全双工技术可以实现不同方向信号传输的同步开展，也就是说，在发射信号的同时，还可以进行信号的接收，这样就可以提高空口频率的利用率，增强移动通信网络的灵活性和稳定性。

（5）新型网络架构技术

5G 移动通信技术的产生是为了满足多种服务的需求和多场景的应用，这样就决定了 5G 移动通信网络技术核心网络框架搭建技术必须兼备灵活性和简单性。5G 移动通信技术采用了 small cell 异构网络技术和 C-RAN 技术。5G 移动通信技术是在 4G 移动通信技术基础上进行的改革与创新，4G 移动通信技术需要建设大量大型基站，进行信息发送。而 5G 移动通信技术采用的 small cell 异构网络技术，解决了大型基站的问题，只需要建立小型基站，不仅提高了网络信号强度，还可以提高覆盖率。C-RAN 即新型的基于云的无限接入网络构架，由远端无线射频单元和天线组成的分布式无线网、高带宽低延迟的光传输网络连接远端无线射频、高性能处理器和实时虚拟技术组成的集中式基带处理池三个部分组成。经过这三部分的相互配合，可以提高网络容量和频谱利用率。

从 2G 开始，3G 过渡，4G 提升，再到今天 5G 的飞跃，无一不在诠释着科学技术的不断发展。5G 移动通信技术趋势势不可挡。关于 5G 移动通信技术的应用探索也在逐步展开，我国要加强对 5G 核心技术的研发支持、激励创新，培养 5G 领域龙头企业，致力于智能家居、智慧农业、智慧医疗、无人驾驶等方面的应用，使人类社会发展进程快速上一个新的台阶。

项目一习题

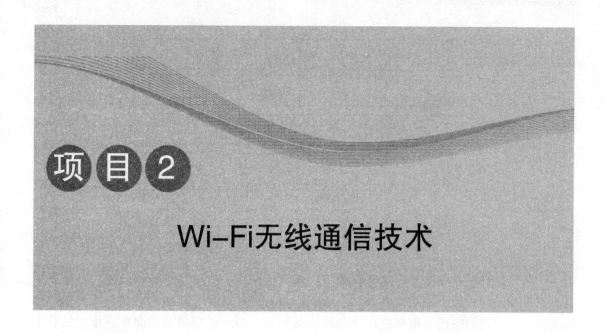

项目 2

Wi-Fi无线通信技术

无线局域网（Wireless Local Area Network，WLAN）是计算机网络与无线通信技术相结合的产物，它利用无线电波、红外线、激光等无线介质来代替有线局域网中的部分或全部传输媒质进行通信。WLAN 的概念形成于 20 世纪 70 年代后期，并于 20 世纪 90 年代正式进入实用化阶段，它可以实现人们"打破地域或其他客观条件的制约，实现随时、随地、随意通信"的目标，因此成为人们通信的重要手段之一。随着用户对无线应用需求的不断增长和通信市场竞争的日趋激烈，WLAN 技术也越来越引起通信运营商和设备制造商的重视，作为通信新技术研发的热点，WLAN 在现实及未来的社会生活中必将得到广泛应用。本项目主要对无线局域网基础知识、无线局域网协议标准、无线局域网物理层及媒体介质接入层关键技术进行介绍，并利用 MATLAB 软件进行仿真。

模块 2.1　初识无线局域网技术

2.1.1　无线局域网基本概念

🔄 **读一读**

局域网（Local Area Network，LAN）是指通信距离受限的区域，这一概念是相对于广域网（Wide Area Network，WAN）而言的，两者之间最主要的区别在于数据传输的范围不同（但其覆盖范围却没有明显界限）而引起的网络设计和实现方面的一些区别。介于广域网和局域网通信范围之间的还有一种网络，称为城域网（Metropolitan Area Network，MAN），比局域网覆盖范围更小的局部网络称为个域网（Personal Area Network，PAN）。各种范围的无线网络的代表技术如图 2-1 所示。

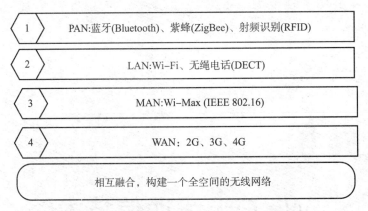

图 2 - 1　无线局域网在无线通信技术中的定位

广域网是指在全球范围内或全国范围内通信的网络，由于网络覆盖范围大，需要运营商来架设及维护整个网络。在我国，无线广域网的典型代表就是移动通信网，用户可以通过远程公用网络或专用网络建立无线网络连接，通过使用由运营商负责维护的若干天线基站或卫星系统，覆盖若干城市或者国家（地区）。无线广域网的信息速率通常不高。

城域网就是局限在一个城市范围内通信的网络，覆盖半径一般为 2 ~ 10 km，最大可达到 30 km，如本地多点分配系统、多信道多点分配系统及 IEEE 802.16 无线城域网系统。与广域网相比，无线城域网可以提供较高的数据速率，目前其数据传输速率最快可达 70 Mb/s。

无线个域网（Wireless Personal Area Network，WPAN）是指在个人活动范围内所使用的无线网络，主要用途是让个人使用的手机、PDA、笔记本等可互相通信，交换数据。WPAN采用 IEEE 802.15 标准，其典型的传输距离为几十米，目前主要技术为蓝牙（Bluetooth）和超宽带（UWB）等。

从网络结构上看，无线广域网和无线城域网通常采用大蜂窝（Mega - Cell）或宏蜂窝（Macro - Cell）结构；而无线局域网和无线个域网采用的是微蜂窝（Micro - Cell）、微微蜂窝（Pico - Cell）结构，也可以采用非蜂窝（如 Ad - Hoc）结构。

所谓无线局域网，是指在各工作站与设备之间，用无线的通信方式取代传统的有线通信电缆，继而构成可以互相通信的网络体系。这种网络可以将分布在不同地理位置的计算机设备和其他办公设备连接起来，为通信的移动化、个人化和多媒体应用提供了潜在的手段，可以说，无线局域网不仅是有线数据通信的一种补充及延伸，更成为一种宽带无线的有效接入手段。

无线局域网的典型覆盖距离为几十米至上百米，其实现简单方便，在有线网络的基础上，只要通过无线接入点、无线网桥、无线网卡等无线设备，就可以实现无线通信，从而在不进行传统布线的前提下，可以提供有线局域网的所有功能，并且该网络可以根据用户的需要随意扩展或缩减，实现移动应用。无线局域网与有线局域网的网络结构区别如图 2 - 2 所示。

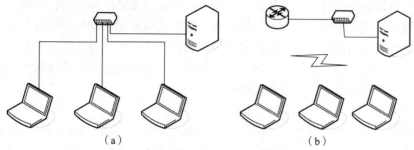

图2-2　有线局域网与无线局域网结构示意图

（a）有线局域网的结构；（b）无线局域网的结构

🔄 **看一看**

无线局域网的基本概念

2.1.2　无线局域网特点

🔄 **读一读**

无线局域网使用射频传输，可以在建筑物内代替传统的有线局域网，并且可以作为一种成本低廉的替代方案，取代原本难以部署的建筑物间的连接线路。随着人们对无所不在的连接能力和信息访问能力的需求日益加剧，无线局域网所占据的通信市场的份额越来越高。与有线的局域网相比，无线局域网具有以下一些主要的优点。

（1）移动性

"无线"即意味着可以摆脱有线网络的束缚，因此，无线局域网的首要优点就是为用户提供了移动性。例如，当今在很多行业中，笔记本电脑已经成为办公的标准配备，若它们之间的连接还和台式电脑与以太网的连接相同就太不方便了。无线局域网可以将移动用户和管理员从复杂的连线中解放出来，利用其中的PCMCIA网卡，用户可以在源区中的任何位置或者已经部署的无线接入点接入网络，使用户可以更方便地获取信息。

此外，若采用有线局域网，两个站点之间的距离在使用同轴电缆（粗缆）时被限制在500 m内，即使采用单模光纤，也只能达到3 km，而无线局域网中站点间的距离目前可以达到50 km。从这个层面讲，无线局域网使通信范围不再受环境条件的限制，从而拓宽了网络传输的地理范围。

（2）灵活性

无线局域网的灵活性首先体现在它易于安装。采用无线手段组建网络可以减少网络布线的工作量。一般只需安装一个或多个基站（或者也可以称为无线接入点），即可建立一个局域网络覆盖整个建筑或某个区域。

其次，无线局域网的组网方式灵活。可以利用有线的基础结构接入骨干网，也可以组建对等网络。既可以组成单区网，又可以组建多区网，还可以在不同网间进行移动。

再次，无线局域网使用灵活。若在传统的有线网络中，通信设备的放置需要受网络信息点位置的限制；然而，一旦使用无线局域网，只要在无线网的信号覆盖区域内，任何位置都可以接入网络。因此非常适合经常移动的网络用户。

（3）可伸缩性

网络管理者一直都面临着怎样向网络中添加其他用户的问题。他们需要考虑诸如新增用户对局域网会造成怎样的影响、在某节点增加用户的成本和难度等问题，并且随着用户的不断增多，情况也变得越来越复杂。而无线局域网有多种配置方式，并且便于安装和管理，可以满足用户不断变化的需求。只要在适当的位置增加接入点，即可满足扩展组网的需要。

此外，如果因为某种需要，若干台装有无线网卡的计算机可以迅速组建一个临时网络，一旦工作结束，网络也可以非常方便地拆除。因此，无线局域网在军事、医院、商店等需要灵活组网的场合都得到了广泛应用。

（4）经济性

无线局域网不仅可以用于物理布线困难或者不适合进行物理布线的地方，还能够节省网络配置费用和人员费用，并能快速将网络投入使用，提高生产率，具有较高的投资回报率。例如，建筑物间的无线网桥避免了通常很高的费用，并且节省了在建筑物间架设线路的时间，同时，无线网桥还可以解决重复收费的问题，因此具有较好的经济性。

（5）健康安全

无线局域网标准规定的发射功率不可超过 100 mW，实际发射功率为 60 ~ 70 mW，这是一个什么样的概念呢？手机的发射功率为 200 mW ~ 1 W 之间，手持式对讲机的发射功率高达 5 W。同时，无线网络使用方式并非像手机一样直接接触人体，应该是绝对安全的。

看一看

无线局域网特点

2.1.3　无线局域网组成原理

读一读

1. 无线局域网的组成结构

无线局域网的物理组成如图 2 - 3 所示，包括工作站（Station，STA）、无线介质（Wireless Medium，WM）、基站（Base Station，BS）或接入点（Access Point，AP）和分布式系统（Distribution System，DS）等几部分。

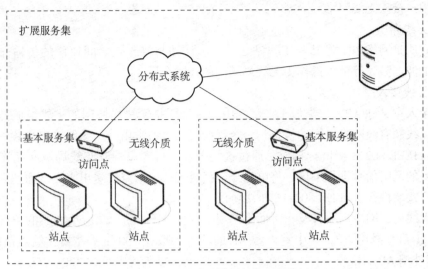

图 2 - 3　无线局域网的物理结构

（1）工作站 STA

工作站也称主机或终端，它连接于网络中，是无线局域网的最基本组成单元，组建网络的根本目的就是进行工作站间的数据传输。工作站在无线局域网中通常作为客户端，一般包括以下几个组成部分。

①终端用户设备。终端用户设备是工作站与用户的交互设备。这些终端用户设备可以是台式计算机、便携式计算机和掌上电脑等，也可以是其他智能终端设备，如 PDA 等。

②无线网络接口。无线网络接口是工作站的重要组成部分，它负责处理从终端用户设备到无线介质间的数据通信，一般是采用调制技术和通信协议的无线网络适配器（无线网卡）或调制解调器（Modem）。无线网络接口与终端用户设备之间通过计算机总线（如 PCI、PCMCIA）或接口（如 RS-232、USB）等相连，并由相应的软件驱动程序提供客户应用设备或网络操作系统与无线网络接口之间的联系。

目前市面上不少品牌的笔记本已内置无线网卡，无须用户另行购买无线网卡。图 2 - 4 所示为市面上常见的几种无线网卡。

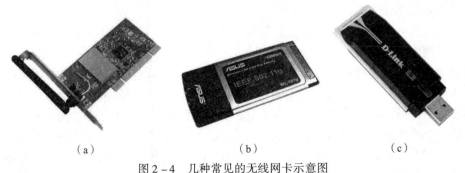

（a）　　　　　　　　　　（b）　　　　　　　　　　（c）

图 2 - 4　几种常见的无线网卡示意图

（a）PCI 无线网卡；（b）PCMCIA 无线网卡；（c）USB 无线网卡

③网络软件。网络操作系统（NOS）、网络通信协议等网络软件运行于无线网络的不同设备上。客户端的网络软件运行在终端用户设备上，它负责完成用户向本地设备软件发出命

令，并将用户接入无线网络。

（2）无线介质

无线介质是网络中工作站与工作站之间、工作站与接入点之间通信的传输介质。红外线、无线电波、激光等都可以作为无线局域网的传输介质。

（3）无线接入点

无线接入点又称 AP，它类似于蜂窝网中的基站，是无线局域网的重要组成部分，其作用是提供无线和有线网络之间的桥接。一个无线接入点通常由一个无线输出口和一个有线的网络接口（IEEE 802.3 接口）构成，通过这些接口可与客户端或有线局域网相连并把双绞线传送过来的网络信号进行编译，将电信号转换成无线电信号发送出来，从而达到拓展网络的目的。桥接软件符合 IEEE 802.1d 桥接协议。

随着无线局域网应用的普及，市面上出现了许多 AP 产品。从应用场所的角度，可以分为室内型 AP 和室外型 AP，其中室内型 AP 的功率一般在 100 mW 左右，覆盖范围在 50 ~ 100 m；室外型 AP 功率较大，一般在 500 mW 以上，覆盖范围可达 300 ~ 500 m。从设备本身可以实现的功能的角度，可以分为基本型 AP 和宽带接入 AP，前者只具备 AP 的基本功能，仅提供无线接入，完成有线网络与无线网络的桥接，而后者则具备宽带 PPPOE 拨号接入、路由及 AP 的功能，可为小型办公室和家庭提供宽带接入、有线网络接入和无线接入等多种服务。图 2 - 5 所示为市面上常见的 AP 设备。

（a） （b） （c）

图 2 - 5　几种常见的 AP 设备

（a）室内型 AP；（b）室外型 AP；（c）宽带型 AP

（4）分布式系统 DS

在无线局域网中，由于通信设备的发射功率受限及应用环境等因素，工作站之间的通信距离也会受到限制。无线局域网所能覆盖的区域范围称为服务区域（Service Area，SA），其中，由移动基站的无线收发信机及地理环境所确定的通信覆盖区域称为基本服务区（Basic Service Area，BSA），也称为小区（Cell），它是构成无线局域网的最小单元。一个基本服务区所能覆盖的区域往往会受到限制，为了覆盖更大的区域，就需要把多个基本服务区连接起来，形成一个扩展业务区（Extended Service Area，ESA）。其中用来连接不同基本服务区的通信信道，称为分布式系统（Distribution System，DS）或分布式系统信道（Distribution System Medium，DSM）。分布式系统可以是有线信道，也可以是频段多变的无线信道。这样在组织无线局域网时，就有了足够的灵活性。

2. 无线局域网的拓扑结构

无线局域网的拓扑结构可从多方面来分类。从物理拓扑角度，有单区网和多区网之分；

从逻辑关系角度，有总线型、星型、环型等；从控制方式角度，可分为无中心分布式和有中心集中控制式两种；从与外网的连接性角度，主要有独立无线局域网和非独立无线局域网。基本服务区是无线局域网的基本构造模块，它有两种基本拓扑结构或组网方式，分别是中心控制网络（Infrastructure Network）和无线自组网络（Ad-Hoc Network）。

（1）中心控制网络

中心控制网络也称结构化网络，其中存在两种类型的设备：一种就是无线接入点，作为集中控制器掌管整个网络，用于在无线工作站和有线网络之间接收、缓存和转发数据。无线接入点通常能够覆盖几十至几百个用户，覆盖半径达上百米。另一种设备则是普通的网络用户，一般是配备了无线网卡的计算机。中心控制网络的结构如图2-6所示。

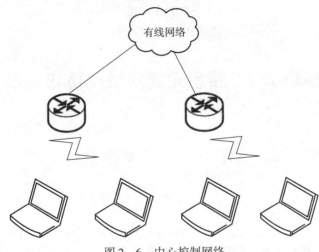

图2-6　中心控制网络

从图中可以看出，在中心控制网络中，一台接入点可以与多台工作站组成一个基本服务区。在任何时候，所有无线工作站仅仅与基本服务区内的无线访问点关联，工作站之间、工作站与外部其他网络之间的通信都必须通过接入点完成。接入点在MAC层可以通过有线或者无线方式连接到外部网络。这种拓扑结构在目前的无线局域网中使用较多。

（2）无线自组网络

无线自组网络也称对等网络或Ad-Hoc网络，该网络中不存在无线接入点，所有工作站节点的地位都是均等的，它们具有相同的能力。无线自组网没有特定的节点与外部网络连接，因此只能构建一个独立的网络，其覆盖的服务区称为独立的基本服务区（IBSS），网络公共信息的发送、同步和接入可由IBSS内任意一个工作站负责控制。图2-7所示即为无线自组网的网络结构。

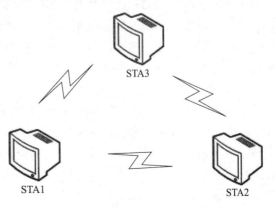

图2-7　无线自组网的网络结构

无线自组网组网灵活，且成本较低，它不需要额外的无线接入设备，只需入网的工作站均支持 802.11 协议即可。一个无线自组网中的计算机要有相同的工作组名、服务区别号（ESSID）和密码，网络内的工作站之间可以直接通信，802.11 的无线自组网不支持中继，网络中的一个节点必须能看到其他节点才能实现通信，因此，对等网络只能用于少数用户的组网环境，比如 4 ~ 8 个用户，并且需要离得足够近。

看一看

无线局域网的组成原理

模块 2.2 熟悉无线局域网协议标准

2.2.1 无线局域网的发展历史及版本演进过程

读一读

从"无线局域网"概念诞生至今，已经历了三十多年的时间，这期间，由于新技术的不断推动及市场的不断扩大，无线局域网得以迅速发展。作为无线通信技术的两个重要分支，无线局域网和广域蜂窝业务的差别主要体现在三个方面。

首先是将数据提供给用户的方式不同。蜂窝通信中数据是由服务运营商向用户提供的，而无线局域网中用户本身就是该网络的拥有者和组织者，他们可以自由使用网络而无须向运营商支付费用。其次，两者对数据速率的限制不一样。无线局域网可以提供比蜂窝业务更高的数据传输速率，当第三代蜂窝通信正在努力实现 2 Mb/s 的分组数据业务时，无线局域网标准已经可以提供 54 Mb/s 的服务。最后，频段规则不一样。如今，无线局域网都工作在免许可证的频段上，这个频段不需要用户花费很多的时间向管理部门申请，可以自由使用；更重要的是，在这个频段范围里，频率的使用也是免费的。

1. 早期的经历

20 世纪 70 年代后期，瑞士 IBM Ruschlikon 实验室的 Gfeller 首次提出了无线局域网的概念。当时由于计算机技术的迅速发展，办公室里的计算机终端数目不断增加，从而导致布线变得越来越困难。当时，办公室里的线缆通常是裸露着挂在天花板下面，再穿过墙体或隔板。更极端的例子就是导线通过导管安装在地板下面，有些甚至就是简单地放置在地板上，然后再覆盖一下而已。而在生产车间，环境则更为恶劣。因此，IBM 实验室选择了红外辐射技术来组建无线局域网，当时选择红外线作为传输手段的原因主要有两个方面：一方面，红外线通信时，设备之间必须对准，因此选用红外线可以避免邻近设备中信号的干扰；另一方面，使用红外线无须向无线电管理部门申请频段，也可以避免申请时间的浪费。但这个项目最后因为传输速率未达到原先设定的 1 Mb/s 目标而导致失败。

在同一时期，加利福尼亚的惠普 Palo Alto 研究实验室的 Ferrer 开始了第一个真正意义上的无线局域网项目的研究。这个项目中的无线局域网运行于 900 MHz 频率上，数据速率为 100 Kb/s，采用直接序列扩频调制技术和载波侦听多点接入（Carrier Sense Multiple Access，CSMA）的介质接入方法，这些都是现有的无线局域网 MAC 层协议的基础。但项目的负责人最终没有能够从联邦通信委员会获得必要的频段，因此也放弃了这个项目。几年后，Codex 和摩托罗拉公司试图在 1.73 GHz 频段上实现无线局域网，但最终都是在与联邦通信委员会谈判后放弃了计划。

尽管所有这些开拓无线局域网的计划都失败了，但无线局域网因其内在的优越性，继续吸引着人们的关注。为了获得用于无线局域网的频段，同联邦通信委员会的谈判也一直在进行着。

上述这些对无线局域网早期的探索项目虽未取得成功，但对无线局域网后来的发展具有重要的指导意义：无线局域网要得到发展，一些关键问题必须解决，例如，需要从频谱管理委员会获得一定带宽的频率，需要进一步提高数据的传输速率等。

2. 第一代无线局域网

蜂窝通信业务最初起源于两段各 25 MHz 的带宽，然而就是这样的一个频段产生了如今巨大的市场。无线局域网至少也需要几十兆赫兹的带宽，尽管这些带宽现在还没能拥有和蜂窝语音服务一样大的市场。用于个人通信服务的频段在美国的拍卖价格达到几百亿美元，可是与它的带宽可以相比较的无线局域网每年的市场规模还没有超过 10 亿美元。要把宝贵的频率资源合理地分配给市场很小的产品，这实在是有点难为无线频段的管理部门了。

20 世纪 80 年代中期，联邦通信委员会颁布的电波法规为无线局域网的发展创造了条件，它为无线局域网通信分配了两种频段：第一个就是避开用于蜂窝电话和个人通信服务的 1～2 GHz 的频段，而采用频率更高的空闲频段（如几十吉赫兹）。这个方案是摩托罗拉和联邦通信委员会最先进行谈判的，并最终导致了摩托罗拉 Altair 网的出现。Altair 网采用 18～19 GHz 的需要许可证的频段。为了促进无线局域网在各地应用，摩托罗拉还专门成立了一个领导机构，以利于用户和联邦通信委员会进行协商。如果一个用户要改变无线局域网的位置，他们就会同摩托罗拉公司进行充分的接触，摩托罗拉公司将出面处理一些必要的与联邦通信委员会有关的频段管理事务。第二个频段就是利用免许可证的频段，主要是 ISM（Industrial Scientific and Medical）频段。在无线局域网各种实施方案研究的大力推动下，也为了响应各种无线局域网对频段的申请，联邦通信委员会的 Mike Marcus 最先提出了发放免许可证的 ISM 频段的解决办法。ISM 频段是第一个免许可证的可用于发展消费产品的频段，这个方案的提出在无线局域网的发展历史上发挥了重要的作用。美国早期的 ISM 频段主要是 902～928 MHz 和 2.4～2.483 5 GHz。根据规定，使用 ISM 频段时发送功率最大限制在 1 W，若采用扩频技术，要求扩频增益不小于 10 dB，最大发送功率不超过 100 mW。

在联邦通信委员会的政策以及在无线官方信息网络上的一些预测性的宣传的推动下，大量无线网络产品的开发项目迅速出现，几乎遍及整个北美大陆。20 世纪 80 年代后期第一代无线产品在市场上开始出现，这种产品采用了三种不同的技术：需要许可证的 18～19 GHz 频段，利用 ISM 上 900 MHz 的频带上的扩展频段和 IR（红外）技术。

3. 第二代无线局域网

20 世纪 80 年代末期 IEEE 802.4L 无线局域网的标准化工作开始开展，并于 1990 年 7 月接受了 NCR 公司的"CSMA/CD 无线媒体标准扩充"的提案，成立了独立的 IEEE 802.11 任务组，负责制定无线局域网物理层及媒体访问控制层（MAC）协议的标准。

1991 年 5 月 IEEE 发起成立了无线局域网专题研究小组，目的是给无线局域网技术交流创造一个论坛环境，与此同时，论坛的第一次关于 802.11 的专题会议在马基诺塞的伍斯特举行。1997 年 6 月 26 日，IEEE 802.11 标准制定完成，并于 1997 年 11 月 26 日发布。由 AMD、Harris、3Com、Aironet、Lucent 等公司发起，于 1999 年成立了无线局域网联盟（Wireless Local Area Network Alliance，WLANA），并且有越来越多的通信公司加盟。生产厂家在 IEEE 802.11 标准和联盟协议的基础上，实现产品的标准化。

从 1998 年开始，许多厂商相继推出了基于 IEEE 802.11 标准的无线局域网产品，它们属于第二代无线局域网产品。第二代无线局域网设备大都工作在 2.4 ~ 2.483 5 GHz 频段，传输速率为 1 ~ 2 Mb/s，产品包括一个鞋盒形的 AP（接入点）和一个接收器盒（或一台装有专用卡的 PC），利用这个卡能连接到与局域网相连的工作站。在一些特殊情况下，局域网的布线比较困难时，利用昂贵的无线局域网也就显得合情合理了，今天称这些应用为局域网扩展。当时的市场估计为将有 15% 的局域网市场会转向无线局域网领域，这样在 20 世纪 90 年代初的几年中，每年可以产生几十亿美元的销售收入。

4. 第三、四代无线局域网

IEEE 802.11 任务组的研究进展比计划的要慢，为了进一步推动无线局域网的发展，1992 年由苹果公司领导的一个叫 WINForum 的工业联盟组织成立了，这个组织成立的目的是想从联邦通信委员会获得更多的免许可证频段，这些免许可证频段被所谓的 Data-PCS 活动使用。WINForum 最终成功地从联邦通信委员会获得了在 PCS 频段的 20 MHz 的带宽，这 20 MHz 分成两个 10 MHz 的频带，一个用于类似语音信号的同步传输，另一个用于数据类型的异步传输。图 2–8 是免许可证的 PCS 频段和相关的频谱特征。WINForum 通信的三个基本规则：先听后说（或者发射）LBT 协议；低发送功率；有限的发送周期。

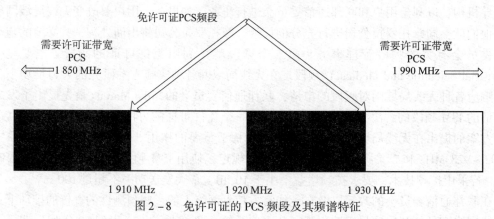

图 2–8　免许可证的 PCS 频段及其频谱特征

另一个成立于 1992 年的标准化机构是高速无线局域网（HIPERLAN）组织，这是一个欧洲电信标准化组织，它的核心协议目标在于建立传输速率达到 23 Mb/s 的高性能的局域网，这明显高于最初的 802.11 的数据速率 2 Mb/s。为了支持这些数据速率，高性能无线局域网组织获得了两个 200 MHz 的频段：5.15 ~ 5.35 GHz 和 17.1 ~ 17.3 GHz，用于无线局域网的运行。1997 年，最早的 HIPERLAN 标准（称为 HIPERLAN-1）完成，这促使了联邦通信委员会发放国家信息基础结构（U－NII），U－NII 是一个能给用户提供大量信息的，由通信网络、计算机、数据库及日用电子产品组成的完备网络，能使所有人享用信息，并在任何时间和地点，通过声音、数据、图像或影像相互传递信息。表 2－1 总结了 U-NII 频段及其相关参数。其中，5.15 ~ 5.25 GHz 用于室内，配合天线（必需的）后最大输出功率为 200 mW；5.25 ~ 5.35 GHz 用于校园网，最大输出功率为 250 mW；5.725 ~ 5.825 GHz 主要用于社区网络，最大输出功率为 1 W，配备天线时可达 4 W。

表 2－1　U-NII 频段的特性

工作频段 /GHz	最大传输 功率/mW	天线增益为 6 dB 时 的最大功率/mW	最大 PSD /(mW·MHz^{-1})	应用建议 和要求	备注
5.15 ~ 5.25	50	200	2.5	限制在 室内应用	天线必须是 设备的一部分
5.25 ~ 5.35	250	1 000	12.5	校园 LAN	与 HIPERLAN 兼容
5.725 ~ 5.825	1 000	4 000	50	社区网络	在低干扰的 环境（乡村） 下距离更长

由于 IEEE 802.11 的速率最高只能达到 2 Mb/s，不能满足人们的需求，因此在不断研究后，于 1999 年 9 月又提出了 IEEE 802.11a 和 IEEE 802.11b 标准，传输速率分别可达 54 Mb/s 和 11 Mb/s。2002 年通过了 IEEE 802.11g 标准，它允许通过的最大传输速率为 54 Mb/s，但仍工作于 2.4 GHz 频段，与 IEEE 802.11b 标准兼容。同时，HIPERLAN-2 标准也已制定完成，与 IEEE 802.11a 类似，工作于 5 GHz 频段，最大传输速率为 54 Mb/s。其中，符合 IEEE 802.11b 标准的产品已经较为普及，可以将它归为第三代无线局域网产品；而符合 IEEE 802.11a、HIPERLAN-2 和 IEEE 802.11g 标准的产品称为第四代无线局域网产品。

5. 无线局域网的发展趋势

无线局域网产品发展至今，虽然技术在不断提高，但与有线网络相比，还必须面对几个方面的挑战：

（1）带宽或是传输速率有待提高

目前市面上的无线局域网产品最高只能实现 54 Mb/s 的通信速率，尽管这个速率相对于其他无线通信技术来讲已经较高了，但与有线网络相比还有一定的差距。尤其在多站点通信时，WLAN 的连接速率会急剧下降，这将使它在进行大量数据业务传输的应用中不具有优势。

（2）无线局域网的覆盖面积受到局限

目前无线局域网的覆盖面积远小于单根的电缆（总线网或者令牌环网），甚至小于基于 TCP 的局域网。

（3）无线局域网的可靠性和安全性有待加强

与有线网络相比，无线网络更容易受到外界的干扰，例如蓝牙设备或是微波炉等设备都会对其造成干扰，因此，其可靠性与所处环境的电磁干扰频率及强度有很大的关系。另外，虽然 WLAN 采用了 ESSID、密码访问控制和有线等效加密（WEP）等技术来保证无线网络的安全，但仍然存在着安全隐患。此外，实现无线局域网的关键技术，例如扩频技术、调制技术等，都远比有线局域网技术复杂和富于变化。

从前面几代无线局域网的发展来看，主要是致力于传输速率的提高，如 IEEE 802.11 的最大传输速率只有 1 ~ 2 Mb/s，IEEE 802.11b 的最大传输速率有 11 Mb/s，IEEE 802.11a 和 IEEE 802.11g 的最大传输速率可达 54 Mb/s，与此同时，其他方面的局限性也得到了相应的完善和发展。有关无线局域网的标准任务及其研究范围和目标包括：①宽带（高速）化；②快速移动性支持；③多媒体（QoS）保证；④安全性；⑤可靠性；⑥小型化；⑦大覆盖；⑧节能；⑨经济性。

看一看

无线局域网的历史与发展

2.2.2 无线局域网协议

读一读

无线局域网的物理组成定义了它的物理结构，而协议体系则反映出其逻辑结构。协议不仅可以使通信过程易于管理，而且能够提高系统的工作效率，因此，网络中的 PC 机、服务器、路由器和其他设备都必须严格遵循协议规则。

目前，无线局域网的标准可以分为两大阵营：IEEE 的 802.11 系列标准和欧洲的 HIPERLAN-1/HIPERLAN-2。其中，IEEE 802.11 是从面向数据的计算机通信发展而来的，因此主张采用无连接的无线局域网；而 HIPERLAN 则更加关注基于连接的无线局域网，致力于面向语音的蜂窝电话。其中 IEEE 802.11 是目前为止应用最为广泛的无线局域网标准。

人们所熟知的 OSI（Open Systems Interconnection）模型将计算机网络（广域网）分成互相独立的 7 层，但局域网的体系结构与广域网的却有相当大的区别。802.11 参考模型与 OSI 模型的对比如图 2 - 9 所示。由于局域网只是一个小范围的计算机通信网，并且不存在路由选择问题，因此不需要考虑网络层，而只考虑最低的两个层次，即物理层和数据链路层。然而局域网的种类繁多，其媒体接入控制的方法也各不相同，远不像广域网那样简单，因此，为了使局域网中的数据链路层不至过于复杂，又将局域网的数据链路层划分为两个子层，即媒体接入控制或媒体访问控制（Medium Access Control，MAC）子层和逻辑链路控制（Logical Link Control，LLC）子层。其中，MAC 层完成 OSI 对数据链路层要求的所有功能，包括物理地址寻址、介质访问控制、数据帧校验、数据发送与接收的控制等；LLC 层则提供网络层程序与链路层程序的接口，这一接口称作服务访问点（Service Access Point，SAP）。由图 2 - 9 可知，网络的 SAP 位于 LLC 层与高层的交界面上。

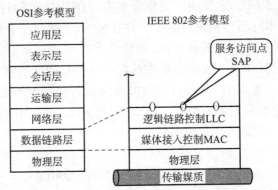

图2-9 局域网的参考模型与OSI的对比

作为迄今为止唯一赢得市场普遍认可的无线局域网标准，IEEE 802.11 标准的制定最早始于 1987 年，当初是在 IEEE 802.4L 小组里作为 IEEE 802.4L 令牌总线标准的一个分支进行研究的。IEEE 802.4 是和 IEEE 802.3（标准以太网标准规范）及 802.5（令牌环网标准规范）对应的标准，它所关注的是工厂环境下的网络支持。根据上述无线局域网的发展历史，可以看出，使用无线局域网的早期动机之一就是用于工厂设备相互之间的通信和控制。由于这个原因，在无线局域网的发展初期，许多汽车制造商如 GM 公司就积极参与了 IEEE 802.4L 的制定工作。1990 年，IEEE 802.4 无线局域网小组正式更名为 IEEE 802.11 小组，从此 IEEE 802.11 成为一个独立的 802 标准，它定义了无线局域网的物理层和 MAC 层。

在 IEEE 802.11 标准中，涉及一系列子标准：IEEE 802.11、IEEE 802.11b、IEEE 802.11a、IEEE 802.11g、IEEE 802.11n、IEEE 802.11ac 及 IEEE 802.11ax。

1. IEEE 802.11

1997 年完成的 IEEE 802.11 标准工作在 2.4 GHz 的 ISM 频段，能支持 DSSS、FHSS 和红外线（Infrared Ray，IR）等物理层，支持 1 Mb/s 和 2 Mb/s 的数据速率，信道分配基于 CSMA/CA。

2. IEEE 802.11b

1999 年 9 月正式通过的 IEEE 802.11b 标准也被称为 Wi-Fi 技术，它是 IEEE 802.11 协议标准的扩展。该标准运行在 2.4 GHz 的 ISM 频段上，采用直接序列扩频和补码键控（CCK）调制方式，数据传输速率可以在 5.5 Mb/s 和 11 Mb/s 之间切换，并且可以兼容 IEEE 802.11 直接序列扩频系统。多速率机制的介质访问控制可确保当工作站之间距离过长、干扰太大或者信噪比低于某个门限时，数据速率能够从 11 Mb/s 自动降到 5.5 Mb/s，或根据直接序列扩频技术调整到 2 Mb/s 和 1 Mb/s。在不违反 FCC 规定的前提下，采用跳频技术无法支持更高的速率，因此 IEEE 802.11b 放弃了对 FHSS 系统的兼容和扩展。但是随着用户对数据速率的要求不断提高，CCK 调制方式就不再是一种合适的方法了。因为对于直接序列扩频技术来说，为了取得较高的数据速率，并达到扩频的目的，选取的码片的速率就要更高，这对于现有的码片来说比较困难；对于接收端的 RAKE 接收机来说，在高速数据速率的情况下，为了达到良好的时间分集效果，要求 RAKE 接收机有更复杂的结构，在硬件上不易实现。

3. IEEE 802.11a

IEEE 802.11a 工作在 5 GHz 频段上（在美国为 U-NII 频段：5.15～5.25 GHz、5.25～

5.35 GHz、5.725~5.825 GHz），使用正交频分复用（OFDM）调制技术，OFDM 技术将无线信道分成以低数据速率并行传输的分频率，共有 52 个子载波，子载波采用 BPSK/QPSK、16QAM、64QAM 等调制方式。IEEE 802.11a 系统可支持 54 Mb/s 的传输速率。

IEEE 802.11b 与 IEEE 802.11a 两个标准都存在着各自的优缺点，802.11b 的优势在于价格低廉，但速率较低（最高 11 Mb/s）；而 802.11a 的优势在于传输速率快（最高 54 Mb/s）且受干扰少，但价格相对较高。另外，802.11a 与 802.11b 工作在不同的频段上，不能工作在同一网络里，它们之间互不兼容。

4. IEEE 802.11g

为了解决上述问题及进一步推动无线局域网的发展，2001 年 11 月，在 IEEE 802.11 会议上形成了 802.11g 标准草案，旨在 2.4 GHz 频段实现 802.11a 的速率要求。该标准于 2003 年 7 月获得 802.11 工作组的批准，新的标准浮出水面后，立刻成为人们关注的焦点。IEEE 802.11g 工作在 2.4 GHz 频段，采用分组二进制卷积编码（PBCC）或 CCK/OFDM 调制方式，使数据传输速率提高到 54 Mb/s。IEEE 802.11g 标准能够与 IEEE 802.11b 的 Wi-Fi 系统互相连通，共存在同一无线接入点的网络里，保障了兼容性。这样原有的 WLAN 系统可以平滑地向高速无线局域网过渡，延长了 IEEE 802.11b 产品的使用寿命，降低用户的投资。

5. IEEE 802.11n

IEEE 已经成立 802.11n 工作小组，以制定一项新的高速无线局域网标准 IEEE 802.11n。802.11n 工作小组是由高吞吐量研究小组发展而来的，由 802.11g 工作小组主席 Matthew B. Shoemaker 担任主席一职。该工作小组计划在 2003 年 9 月召开首次会议。

IEEE 802.11n 计划将无线局域网的传输速率从 802.11a 和 802.11g 的 54 Mb/s 增加至 108 Mb/s、300 Mb/s，最高速率可达 600 Mb/s，成为继 802.11b、802.11a、802.11g 之后的另一场重头戏。和以往的 802.11 标准不同，802.11n 协议为双频工作模式（包含 2.4 GHz 和 5 GHz 两个工作频段）。这样 802.11n 保障了与以往的 802.11a、802.11b、802.11g 标准兼容。IEEE 802.11n 计划采用 MIMO 与 OFDM 相结合，使传输速率成倍提高。另外，天线技术及传输技术使得无线局域网的传输距离大大增加，可以达到几千米（并且能够保障 100 Mb/s 的传输速率）。IEEE 802.11n 标准全面改进了 802.11 标准，不仅涉及物理层标准，同时也采用新的高性能无线传输技术提升 MAC 层的性能，优化数据帧结构，提高网络的吞吐量性能。

6. IEEE 802.11ac

IEEE 802.11ac 于 2014 年发布，是 802.11 家族的一项无线网上标准，其核心技术主要基于 802.11a。透过 5 GHz 频带提供高通量的无线局域网（WLAN），俗称 5G Wi-Fi。802.11ac 理论传输速率最快可以达到 6.9 Gb/s。此外，802.11ac 还将向后兼容 802.11 全系列现有和即将发布的所有标准与规范。在安全性方面，它将完全遵循 802.11i 安全标准的所有内容，使得无线连接能够在安全性方面达到企业级用户的需求。根据 802.11ac 的实现目标，未来 802.11ac 将可以帮助企业或家庭实现无缝漫游，并且在漫游过程中能支持无线产品相应的安全、管理及诊断等应用。

7. IEEE 802.11ax

IEEE 802.11ax 又称为高效率无线标准（High-Efficiency Wireless，HEW），于 2019 年发布，支持 2.4 GHz 和 5 GHz 频段，向下兼容 IEEE 802.11a/b/g/n/ac。IEEE 802.11ax 理论最

大速率为 10 Gb/s 左右，单用户速率提高不多，它的优势在于多用户，目标是支持室内室外场景、提高频谱效率和密集用户环境下 4 倍实际吞吐量提升。

各版本的无线局域网参数比较见表 2-2。

表 2-2　各版本的无线局域网参数比较

参数	802.11	802.11b（Wi-Fi1）	802.11a（Wi-Fi2）	802.11g（Wi-Fi3）
标准发布时间	July 1997	Sept 1999	Sept 1999	June 2003
频率范围/GHz	2.4	2.4	5	2.4
物理发送速率/（Mb·s^{-1}）	1，2	1，2，5.5，11	6，9，12，18，24，36，48，54	6，9，12，18，24，36，48，54
参数	IEEE 802.11n（Wi-Fi4）	IEEE 802.11ac（Wi-Fi5）	IEEE 802.11ax（Wi-Fi6）	
标准发布时间	2009	2013	2019	
频率范围/GHz	2.4/5	5	5	
物理发送速率/（Mb·s^{-1}）	54，108，300，600	6 900	6 900	

看一看

无线局域网协议体系

模块 2.3　了解 Wi-Fi 物理层

物理层是无线局域网空中接口（Air Interface）的重要组成部分，它为无线局域网系统提供无线通信链路，主要解决适应无线局域网信道特性的高效而可靠的数据传输问题，并向上层提供必要的支持与响应。UHF 频段至 SHF 频段的无线电波和空间传播的红外线都可以用作无线局域网的传输介质。红外线传播方式是电波法规以外的方式，可以自由设计。但对于利用无线电波的传输方式而言，主要有 2.4 GHz 和 5 GHz 两个较为通用的频段及其他专用频段。数据传输方式可以是窄带的，也可以是宽带甚至超宽带（UWB）的。

无线局域网的物理层与 MAC 层管理相连，从纵向的层次结构来看，WLAN 物理层由三个组成部分，如图 2-10 所示。

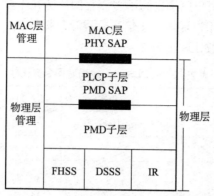

图 2 - 10　无线局域网物理层结构

（1）物理层汇聚子层（PHY Convergence Procedure，PLCP）

MAC 层和 PLCP 通过物理层服务访问点（SAP）利用原语进行通信。PLCP 规定了如何将 MAC 层协议数据单元（MAC Protocol Data Unit，MPDU）映射为合适的帧格式用于收发用户数据和管理信息。MAC 层发出指示后，PLCP 就开始准备需要传输的介质协议数据单元 MPDU，并为 MPDU 附加包含物理层发送器和接收器所需信息的字段。在 IEEE 802.11x 标准中，将这种附加有 PLCP 字段的 MPDU 称为 PLCP 协议数据单元（PPDU）。PPDU 的帧结构提供了站点之间的异步传输，因此，接收站点的物理层必须使每个单独的即将到来的帧同步。

（2）物理介质依赖子层（Physical Medium Dependent，PMD）

在 PLCP 下方，PMD 支持两个工作站之间通过无线介质实现物理层实体的发送和接收。为了实现以上功能，PMD 需直接面向无线介质（大气空间），并对数据进行调制和解调。PLCP 和 PMD 之间通过原语通信，控制发送和接收功能。

（3）三种物理介质接口

无线局域网物理层提供了三种物理介质接口，分别为 FHSS 物理介质依赖子层接口、DSSS 物理介质依赖子层接口和 IR 物理介质依赖子层接口。目前，IEEE 规范实际应用时，以 DSSS 方式为主流。

2.3.1　物理层功能

🔖 读一读

每一种网络物理层的功能大体相同。在 IEEE 802.11 标准中，规定了无线局域网物理层主要实现如下三个功能。

（1）载波侦听

无线局域网的物理层通过 PMD 子层检查介质状态来完成载波侦听功能。如果工作站没有传送或接收数据，PLCP 子层将完成下面的侦听工作。

①探测信号是否到来：工作站的 PLCP 子层持续对介质进行侦听。介质繁忙时，PLCP 将读取 PLCP 前同步码和适配头，并使接收端和发送端进行同步。

②信道评价：测定无线介质状态。如果介质空闲，PLCP 将发送原语到 MAC 层表明信道

为空闲；如果介质繁忙，PLCP 将发送原语到 MAC 层表明介质繁忙。MAC 层根据 PLCP 层的信息决定是否发送帧。

（2）发送

PLCP 在接收到 MAC 层的发送请求后，将 PMD 转换到传输模式。同时，MAC 层将同该请求一道发送字节数（0～4 095）和数据率指示。然后，PMD 通过天线在 20 μs 内发射帧的前同步码。

发送器以 1 Mb/s 的速率发送前同步码和适配头，为接收器的接收提供特定的通用数据率。适配头的发送结束后，发送器将数据率转换到适配头确定的速率。发送全部完成后，PLCP 向 MAC 层发送确认一个 MPDU 传送结束的原语即关闭发送器，并将 PMD 电路转换到接收模式。

（3）接收

如果载波侦听检测到介质繁忙，同时有合法的即将到来帧的前同步码，则 PLCP 就开始监视该帧的适配头。当 PMD 监听到的信号能量超过 –85 dBm 时，它就认为介质忙；如果 PLCP 测定适配头无误，目的接收地址是本地地址，它将向 MAC 层通知帧的到来，同时还发送帧适配头的一些信息（如字节数、数据率等）。

PLCP 根据 PSDU（PLCP Service Data Unit）适配头字段长度的值，来设置字节计数器。计数器跟踪接收到的帧的数目，使 PLCP 知道帧什么时间结束。PLCP 在接收数据的过程中，通过原语信息向 MAC 层发送 PSDU 的字节；接收到最后一个字节后，它向 MAC 层发送一条结束接收的原语，声明帧的结束。

看一看

无线局域网物理层

2.3.2　物理层传输原理及介质分类

读一读

1. 物理层传输原理

根据前面所述，无线通信系统的物理层主要解决数据传输的问题，即利用无线信道实现信息的发送和接收，其典型的传输过程如图 2 – 11 所示。

（1）信源编码

信源编码过程是将上层数据（MPDU）按一定的规则进行数字化，将其转换为适合信道传输的码型。

（2）信道编码

信道编码是在信源编码处理后进行的另外一种编码处理，目的是引入冗余设计，使得在接收端能够检测和纠正传输错误。

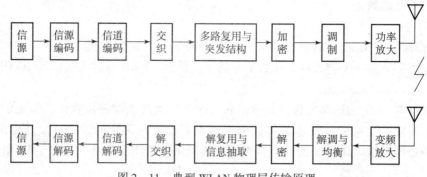

图 2 – 11　典型 WLAN 物理层传输原理

（3）交织

无线信道中的传输错误通常以突发形式出现，为了将突发错误变换成随机错误，可以对编码数据实行交织，把短时间内集中出现的错码分散，使之成为随机误码，再用差错编译码器对随机错误进行检测和纠正。因此，通常将信道编码和交织技术统称为差错控制编码。

（4）复用

一个数字通信系统通常具有较宽的带宽，这远远超出单个用户所需的带宽。为了更好地对频谱资源加以利用，通信中常常会让多路信号使用同一个通信系统。"复用"即是一种将若干个彼此独立的用户信号合并为一个可在同一信道上传输的复合信号的方法。

（5）加密

据前面所述，采用加密技术的目的是提高无线通信系统的安全性能，只有被授权的用户才能正确检测和解密处理后的信息。

（6）调制和功率放大

由于无线信道的传输特性，来自数据终端的原始数据信号往往并不适合直接在信道中传输，为了适应无线信道的特性，需对原始信号进行调制并且对其功率实行放大，然后按一定的频率和一定的功率通过天线或发射器辐射出去。

2. 无线局域网的介质分类

无线局域网采用的传输媒质主要由两大类组成，分别为无线电波（Radio Wave）和光波。其中无线电波主要使用微波（Microwave）频段；光波主要使用红外线（Infrared）。目前的无线局域网主要为基于无线电波的无线局域网和基于红外线的无线局域网两大类。具体的介质分类如图 2 – 12 所示。

由图 2 – 12 可知，基于无线电波的无线局域网根据调制方式不同，又可分为扩频无线局域网和窄带微波无线局域网。

在扩展频谱方式中，基带数字信号的频谱被扩展几倍至几十倍，再经调制后发射出去。扩频通信技术的使用，可以有效提高通信系统的数据传输速率和抗干扰能力。同时，由于单位频带内的功率降低，对其他电子设备的干扰也有所减少。IEEE 802.11 系列标准中采用的扩频技术有直接序列扩频、跳频扩频和正交频分复用等几种方式。

在窄带调制方式中，基带数字信号的频谱不做任何扩展，而是被直接搬移到射频后发射出去。与扩展频谱方式相比，窄带调制方式占用频带少，频带利用率高，但是系统的抗干扰

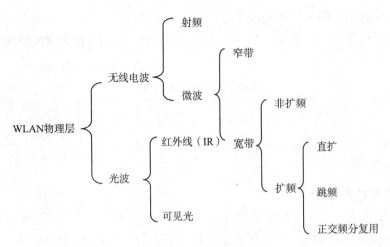

图2-12 无线局域网传输介质

能力却不强。若使用 ISM 频段，则会与工作在邻近频段的仪器设备或通信设备相互干扰，无法保障通信质量。因此，采用窄带调制方式的无线局域网一般选用专用频段，需要经过国家无线电管理部门的许可方可使用。

基于红外线的无线局域网采用波长小于 1 μm 的红外线作为传输媒介，红外线是按视觉方式传播的，即要求发送点必须能够直接看到接收点，中间没有阻挡。因此，与基于无线电的局域网相比，它具有一定的优点，例如红外线比微波通信不易被干扰和入侵，由此提高了安全性；红外线局域网的设备相对简单和便宜等。但由于红外线本身的视距传输特性，该类局域网适用范围受到一定的限制。

看一看

物理层传输原理及介质分类

2.3.3 物理信道的划分

读一读

物理信道是在频域、时域、码域和空域中定义的一条或多条射频信道的特定部分，其结构取决于频谱可用性、业务要求等因素。与上述对信道的各种定义相对应，频分信道即是将系统拥有的总的频带分成若干个子频带，每个子频带成为一条物理信道；时分信道是把一个具有一定频带宽度的信道分成若干个时隙，每个时隙作为一条物理信道；码分信道是以不同的伪随机码区分每一条信道，该码具有良好的自相关和互相关性能；空分信道就是用天线波束的空间位置或方向划分的信道。

在无线局域网中，物理信道是用于传送协议数据单元（Protocol Data Unit，PDU）的媒介，某些物理层仅提供一个信道，而一般提供多个信道。WLAN中常用的物理信道的类型见表2-3。

表2-3　物理信道的类型

单信道	多信道
窄带射频信道	频分复用信道
红外线信道	直接序列扩频信道

1. 直接序列扩频物理信道

在美国、加拿大、中国及欧洲等大部分国家，直接序列扩频的无线局域网使用的工作频率一般为2.4～2.483 5 GHz，通常情况下，2.4 GHz的频段最多划分成14个信道（Channel），如图2-13所示。

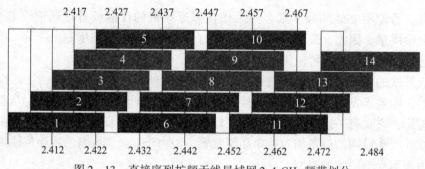

图2-13　直接序列扩频无线局域网2.4 GHz频带划分

由图2-13可见，14条信道中邻近的信道互相重叠，每条信道的射频带宽为22 MHz，相邻信道中心频率间隔为5 MHz，数据就是从这14个信道中的一个进行传送而不需要进行信道之间的跳跃。在多小区网络拓扑中，为了避免邻道干扰，相邻小区中心频率间隔至少为25 MHz，因此，只有3个信道是互相不覆盖的，或称通信网络中频率的复用系数为3。

2. OFDM WLAN物理信道

IEEE 802.11a标准物理层采用的即为正交频分复用技术，工作于5 GHz频段。使用U-NII的5.15～5.25 GHz、5.25～5.35 GHz和5.725～5.825 GHz频段的共300 MHz的射频信道，两个相邻WLAN物理信道中心频率相距20 MHz。为方便起见，在5 GHz频段，将5～6 GHz的频率空间划分成如下201条通道：

$$通道中心频率 = 5\ GHz + 5 \times n_{ch}\ （MHz），n_{ch} = 0 \sim 200$$

具体地，低频段容纳了信道编号分别为36、40、44、48的四条通道，中频段容纳了编号为52、56、60、64的四条通道，而高频段在100 MHz带宽上容纳了编号为149、153、157和161的四条通道。其中中低端U-NII频带的最外端信道中心频率距频率边缘有30 MHz距离，而高端则有20 MHz距离。表2-4给出了OFDM物理层信道分配方法。每个OFDM信道包含52个子载波，占据约16.6 MHz的带宽，而中心频率不可以分配子载波，因为有足够的信道可供选择，因此，在一个多小区的网络拓扑结构中，交叠或相邻的单元可以使用不同的信道同时工作。

表 2 – 4　OFDM 物理层信道分配方法

频带/GHz	运营信道编号	中心频率/GHz
U-NII 低频带（5.15～5.25）	36/40/44/48	5.18/5.2/5.22/5.24
U-NII 中频带（5.25～5.35）	52/56/60/64	5.26/5.28/5.3/5.32
U-NII 高频带（5.725～5.825）	149/153/157/161	5.745/5.765/5.785/5.805

看一看

无线局域网物理信道的划分

2.3.4　物理层帧结构

读一读

在传输过程中，发送端物理层的 PLCP 子层将给 MAC 层传递下来的 MPDU（或称 PS-DU）加上一个 PLCP 前缀和适配头以创建 PPDU 进行传输；在接收端，则去掉前缀和头部恢复出 MPDU。以下分别介绍直接序列扩频物理层和正交频分复用物理层帧格式。

1. 直接序列扩频 PLCP 帧格式

图 2 – 14 所示为直接序列扩频 PLCP 帧（PLCP 协议数据单元，PPDU）格式示意图。DSSS PLCP 由一个 PLCP 前同步码、PLCP 适配头和 MPDU 组成。

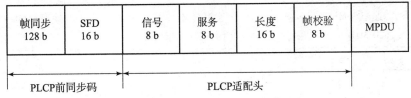

图 2 – 14　直接序列扩频 PLCP 帧格式

以上 PLCP 帧中每一字段的含义如下。

● 帧同步（SYNC）：该字段由 0 和 1 交替组成。接收端检测到帧同步信号后，就开始与输入信号同步。

● SFD（Start Frame Delimiter，开始帧定界符）：表示一个帧的开始，对于 DSSS PLCP 子层，SFD 数据通常为 1111001110100000。

● 信号（Signal）：表示接收器所采用的调制方式。其取值等于数据速率除以 100 Kb/s。例如，1 Mb/s 速率时为 00001010，2 Mb/s 速率时为 00010100。PLCP 前同步码和适配头都以 1 Mb/s 发送。

● 服务（Service）：IEEE 802.11 标准保留该字段为以后应用。目前的值用 00000000 表示。

57

- 长度（Length）：取值是一个无符号的 16 b 整数，用来表示发送 MPDU 所需的时间，单位是微秒。接收端利用该字段提供的信息确定帧的结束。
- 帧校验序列：采用 CRC-16 循环冗余校验，生成的多项式是 $G(x) = x^{16} + x^{12} + x^5 + 1$。

2. 正交频分复用 PLCP 帧格式

图 2-15 所示为 OFDM PLCP 帧格式示意图。PLCP 子层在 MAC 层传递下来的 MPDU 前增加了 PLCP 前导码和帧头、帧尾，以及若干个填充比特。

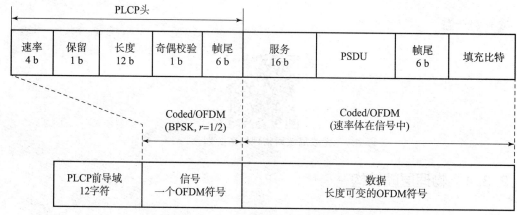

图 2-15 正交频分复用 PLCP 帧格式

- 前导域：用于同步发送器和接收器，共包括 12 个 OFDM 符号，其中包括 10 个短训练序列和 2 个长训练序列，以及 1 个防护间隔。短训练序列用于接收端进行信号检测、自动增益控制、分集接收的天线选择、频率的初步锁定，长训练序列用于频率的精确锁定。
- 信号字段：是一个 OFDM 符号，包括多个域。

速率域：共包含 4 b 数据，其编码表示采用的传输速率，具体见表 2-5。

表 2-5 正交频分复用系统数据传输速率

R1 ~ R4	速率/(Mb·s⁻¹)（20 MHz 信道间距）	速率/(Mb·s⁻¹)（10 MHz 信道间距）	速率/(Mb·s⁻¹)（5 MHz 信道间距）
1101	6	3	1.5
1111	9	4.5	2.25
0101	12	6	3
0111	18	9	4.5
1001	24	12	6
1011	36	18	9
0001	48	24	12
0011	54	27	13.5

保留域：保留到将来使用，必须设置为 0。

长度域：是一个 12 b 的无符号整数，表示帧中所传输的 MPDU 的字节数。

奇偶校验域：是前面 16 b 数据的奇偶校验位。

Tail 域：1 个 PPDU 中有 2 个 Tail 域，分别位于帧头和帧尾，均为 6 b 的 0，用于将二进制卷积编码器设置为 0 状态。

● 服务域：共 16 b，bit0 ~ bit6 为全 0，用于扰码器同步；bit7 ~ bit15 也为全 0，保留到将来使用。

● Pad 域：长度不固定的填充数据。由于一个帧必须包含整数个 OFDM 符号（根据编码和调制方式的不同，一个 OFDM 符号可能传输 24 ~ 216 b）。

2.3.5　扩频通信技术

2.3.5.1　PN 码（Pseudorandom Noise）

读一读

PN 码序列是一种与白噪声类似的信号，它是一种具有特殊规律的周期信号。这类码序列最重要的特性是具有近似于随机信号的性能。因为噪声具有完全的随机性，也可以说具有近似于噪声的性能。但是，真正的随机信号和噪声是不能重复再现和产生的，只能产生一种周期性的脉冲信号来近似随机噪声的性能，故称为伪随机码或 PN 码。

PN 码的相关函数具有尖锐特性，因此易于从其他信号或干扰中分离出来，且有良好的抗干扰特性。

PN 码的类型有多种，其中最大长度线性移位寄存器序列（简称 m 序列）性能最好，在通信中普遍使用。m 序列的最大长度取决于移位寄存器的级数，若级数为 n，则所能产生的最大长度的码序列为 $2^n - 1$ 位。m 序列的码结构取决于反馈抽头的位置和数量。不同的抽头组合可以产生不同长度和不同结构的码序列，但也有的抽头组合并不能产生最长周期的序列。现在已经得到 3 ~ 100 级 m 序列发生器的连接图和所产生的 m 序列的结构。

图 2 – 16 是一个周期为 31 的 PN 码序列。在一个周期内，"1" 或 "0" 码的出现似乎是随机的。PN 码序列的这种特性称为伪随机性，因为它既具有随机序列的特性，又具有一定的规律，可以人为地产生与复制。

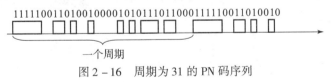

图 2 – 16　周期为 31 的 PN 码序列

PN 码可以通过寄存器产生。图 2 – 17 是由 5 级移位寄存器通过线性反馈组成的 PN 码序列产生电路。图中，每一级移位寄存器的输入码（1 或 0）在 CP 脉冲到来时被转移到输出端，而 D1 的输入是 D2 输出与 D5 输出的模二加的结果。每一个 CP 周期下移位寄存器输出见表 2 –6。

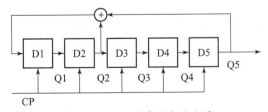

图 2 – 17　PN 码序列产生电路

表 2-6　移位寄存器输出

PN 序列产生器工作状态表																	
CP 周期	移位寄存器输出					CP 周期	移位寄存器输出					CP 周期	移位寄存器输出				
	Q1	Q2	Q3	Q4	Q5		Q1	Q2	Q3	Q4	Q5		Q1	Q2	Q3	Q4	Q5
1	1	1	1	1	1	12	0	0	1	0	0	23	1	0	1	1	1
2	0	1	1	1	1	13	0	0	0	1	0	24	1	1	0	1	1
3	0	0	1	1	1	14	0	0	0	0	1	25	0	1	1	0	1
4	1	0	0	1	1	15	1	0	0	0	0	26	0	0	1	1	0
5	1	1	0	0	1	16	0	1	0	0	0	27	0	0	0	1	1
6	0	1	1	0	0	17	1	0	1	0	0	28	1	0	0	0	1
7	1	0	1	1	0	18	1	0	0	1	0	29	1	1	0	0	0
8	0	1	0	1	1	19	1	0	0	0	1	30	1	1	1	0	0
9	0	0	1	0	1	20	1	1	0	1	0	31	1	1	1	1	0
10	1	0	0	1	0	21	1	1	1	0	1	1	1	1	1	1	1
11	0	1	0	0	1	22	0	1	1	1	0	2	0	1	1	1	1

看一看

PN 码序列的生成

练一练

1. 实现目标

①掌握编写 MATLAB 程序生成 m 序列的方法。

②了解 m 序列的性质。

2. 实现原理

m 序列是最长线性移位寄存器序列的简称，是一种伪随机序列、伪噪声（PN）码或伪随机码。在通信领域有着广泛的应用，如扩频通信、卫星通信的码分多址（CDMA），数字数据中的加密、加扰、同步、误码率测量等领域。

如果要生成 7 位 m 序列，可以通过 3 级移位寄存器通过线性反馈组成的 PN 码序列实现，如图 2-18 所示。

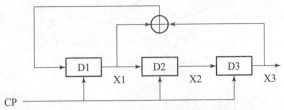

图 2 - 18 3 级移位寄存器的 PN 码序列生成电路

3. 操作步骤

步骤 1：编写代码。根据 m 序列生成电路中各信号之间的逻辑关系，在 MATLAB 软件的命令行窗口写入如下代码：

```
clear all;
clc;
% 三级移位寄存器输出初始化
x1 = 0; x2 = 0; x3 = 1;
% 重复生成 50 组 7 位单极性 m 序列
m = 350;
for i = 1:m
    y3 = x3; y2 = x2; y1 = x1;
    x3 = y2; x2 = y1;
    x1 = xor(y3, y1);
    L(i) = y1;
end
% 将单极性 m 序列变为双极性 m 序列
for i = 1:m
    M(i) = 1 - 2 * L(i);
end
% 分别画出 m 序列图、双极性 m 序列频谱及双极性 m 序列自相关函数
k = 1:1:m;
figure(1)
subplot(3,1,1)
stem(k - 1,m);
axis([0,7, -1,1]);
xlabel('k');
ylabel('m 序列 ');
title('移位寄存器产生的双极性 7 位 m 序列 ');
subplot(3,1,2)
ym = fft(m,4096);
```

```
magm = abs(ym);
fm = (1:2048) *200/2048;
plot(fm,magm(1:2048) *2/4096);
title('双极性7位m序列的频谱')
axis([90,140,0,0.1]);
[a,b] = xcorr(m,'unbiased');
subplot(3,1,3)
plot(b,a);
axis([ -20,20, -0.5,1.2]);
title('双极性7位m序列的自相关函数');
```

步骤2：运行代码。观察m序列图、双极性m序列频谱及双极性m序列自相关函数，如图2-19所示。

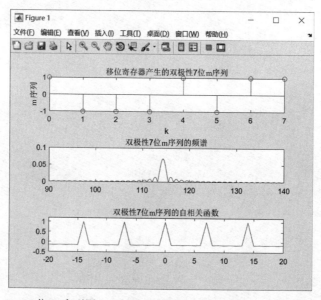

图2-19　7位m序列图、双极性m序列频谱及双极性m序列自相关函数

可见，PN码的相关函数具有尖锐特性，因此易于从其他信号或干扰中分离出来，且有良好的抗干扰特性。

步骤3：修改代码。重新设计PN码序列生成电路，对上述程序代码进行修改，要求生成10组15位m序列，并显示其频谱及自相关函数波形。

2.5.3.2　直接序列扩频通信

读一读

所谓扩展频谱通信，是指将待传输的信息按某个特定的规律展宽成为宽频带信号，送入信道中传输；在接收端，按相应的规律将信息从接收到的宽频带信号中恢复出来。在此过程中，频带的扩展是通过一个独立的码序列（或称为伪随机序列）来完成的，用编码和调制相结合的方法来实现，与所传信息数据无关。扩频传输与传统的窄带传输的根本区别在于，扩频传输的信号所占有的频带宽度远大于所传信息所需的最小带宽。

扩频技术包括以下几种方式：直接序列扩频、跳频扩频、跳时扩频等。以下对无线局域网中主要使用的直接序列扩频技术进行介绍。跳频扩频技术将在蓝牙无线通信技术中介绍。

直接序列扩频技术就是把要传送的信息直接由高速率的扩频码序列编码后，对载波进行调制，以扩展信号的频谱。而在接收端，用相同的扩频码序列进行解扩，把展宽的扩频信号还原成原始的信息。DSSS 将原有较高功率、较窄的频带变成具有较宽频的低功率信号，以获得较高的传输速率和抗干扰性能。直接序列扩频通信系统组成框图如图 2-20 （a）所示。

如图 2-20 （b）所示，$a(t)$ 为待传输信息，$c(t)$ 为扩频码序列，$d(t)$ 经扩频码序列扩展频谱后的信号，$c'(t)$ 为与 $c(t)$ 相同的码序列以解扩信号，$a'(t)$ 为解扩后恢复出的原始信息。

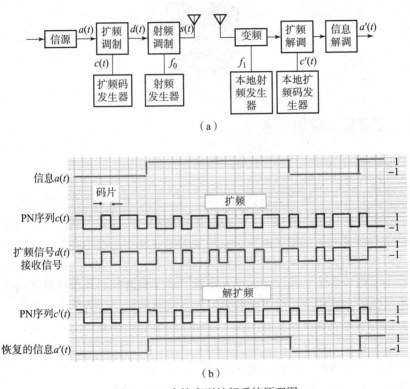

图 2-20　直接序列扩频系统原理图

（a）直接序列扩频系统组成框图；（b）直接序列扩频系统各点波形

在扩频传输中，用得最多的扩频码序列为伪随机噪声（PN）序列，其最重要的特性是具有近似于随机信号的性能，如 m 序列、Gold 码等。

直接序列扩频系统的主要特点如下：

①有较强的抗干扰能力。反映扩频系统抗干扰能力的指标之一是扩频处理增益，处理增益的值等于经扩频后信号的数据率除以原始 PPDU 的数据率。为了将可能的信号干扰降到最低程度，在 IEEE 802.11 中规定，扩频处理增益不能小于 10 dB。

②扩频信号的谱密度很低，占有频带宽，可在传输过程中使信号淹没在噪声中，具有很

强的抗截获性和防侦察、防窃听能力。

③PN 码的相关特性良好，频谱利用率高，具有选址能力，组网能力强，可实现码分多址。

④扩频通信可以提高信道容量。根据香农定理：

$$C = B\log_2\left(1 + \frac{S}{N}\right) \quad (\text{b/s})$$

式中，C 为信道容量；B 为信道带宽；$\frac{S}{N}$ 为信噪比。上式表明，增加信道的传输带宽或提高信号传输的信噪比都可以增加信道容量，或者说信道传输带宽与传输信噪比之间可以互换。

看一看

直接序列扩频通信

2.3.6　正交频分复用技术

读一读

正交频分复用技术是一种高效的数据传输方式，其基本思想是在频域内将给定信道分成若干子信道，在每个子信道上使用一个子载波进行调制，而后各子载波并行传输。正交频分复用技术与传统频分复用技术的区别在于：传统的频分复用系统中各个子载波的频谱是互不重叠的，因此需要使用大量的发送滤波器和接收滤波器，这样就大大增加了系统的复杂度和成本；同时，为了减少各个子载波间的相互串扰，各子载波间必须保持足够的频率间隔，这无疑会降低系统的频率利用率。而正交频分复用系统将频域划分为多个子信道，各相邻子信道相互重叠，但为了避免载波间相互干扰，不同子信道必须相互正交，即在每个载波频率的峰值上，其他所有载波的幅度为零，如图 2 - 21 所示，以获得将高速的串行数据流分解成若干并行的子数据流同时传输。因此，正交频分复用系统不仅可以最大限度地利用频谱资源，同时也降低了系统的复杂程度。

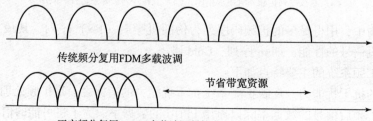

图 2 - 21　正交频分复用系统信道分配机制

看一看

正交频分复用技术

2.3.7　物理层工作过程

读一读

1. 直接序列扩频物理层

直接序列扩频 PMD 子层的功能是实现 PPDU 和无线电信号之间的转换，提供调制和解调功能。具体的工作过程可分为两个步骤：首先数字化扩展基带数据（即 PPDU），然后将扩展数据调制到一个特定的频率。

发送器通过二进制加法器将 PPDU 和一个伪随机噪声（PN）码组合起来，从而达到扩展 PPDU 的目的。IEEE 802.11 标准下直接序列扩频的 PN 码是 11 b 巴克码序列，从左到右依次为 +1，−1，+1，+1，−1，+1，+1，+1，−1，−1，−1。二进制加法器输出的 DSSS 信号具有比输入的原始信号更高的速率。例如，1 Mb/s 的输入 PPDU，加法器会输出 11 Mb/s 的扩展信号。调制器将基带信号转换成基于选定信道的发送操作频率的模拟信号。

其次是进行调制。DSSS PMD 对 1 Mb/s 或 2 Mb/s 的速率采用不同的调制方式：对于 1 Mb/s 速率，采用差分二进制相移键控（DBPSK）调制。DBPSK 是利用前后码之间载波相位的变化来表示数字基带信号的；对于 2 Mb/s 数据速率，则使用差分四相相移键控（DQPSK）调制。DBPSK 与 DQPSK 调制相位编码表见表 2−7。

表 2−7（a）　1 Mb/s DBPSK 调制相位编码表

输入二进制码元	相位变化
0	0
1	π

表 2−7（b）　2 Mb/s DQPSK 调制相位编码表

输入二进制码元组合	相位变化
00	0
01	$\pi/2$
11	π
10	$3\pi/2(-\pi/2)$

2. 正交频分复用物理层

根据前面所述,正交频分复用技术是一种多载波发射技术,它将可用频谱划分为许多载波,每一个载波都用低速率数据流进行调制。正交频分复用系统的工作原理如图 2 – 22 所示,具体实现过程如下:

①把一串高速数据流分解为若干个交替的、并行的低速子数据流。

②将子数据流分别调制到对应的子载波上,从而使信道频谱被分到几个独立的、非选择的频率子信道上,即 IFFT 变换。

③对 IFFT 变换器导出的并行数据流进行循环扩展,加入循环前缀 CP,构成一个基本的 OFDM 符号。

④对加上循环前缀的数据经过并串转换,成为串行数据流,而后对其进行 D/A 转换,送入信道,在 AP 与无线网卡之间进行传送,实现高频谱利用率。

⑤接收端对接收到的信号进行逆处理,先对滤波后的信号进行 A/D 变换,而后对输出数据流进行定时同步,同步后的数据流删除循环前缀,将串行数据转换为并行数据,进行多载波解调,即 FFT 变换。FFT 处理后的数据流进入并串变换器,从而形成原始的串行数据流。

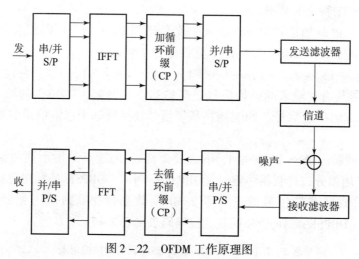

图 2 – 22 OFDM 工作原理图

模块 2.4 了解 Wi-Fi 媒体介质接入(MAC)层

IEEE 802.11 标准中,WLAN 的所有工作站和访问节点都提供了媒体接入控制(MAC)层服务。媒体接入技术是为解决在网络中多个用户如何高效共享一个物理链路的技术,它涉及信道多址、接入方式、分配机制和控制策略等多项内容。媒体接入技术的核心问题是:当多个用户竞争同一信道时,如何采取有效的协调机制来分配信道的使用权。因此,MAC 技术的基本内容就是定义以一定的顺序和有效的方法分配节点访问媒体的规则。

2.4.1 MAC 层功能

IEEE 802.11 MAC 层负责客户端与 AP 之间的通信,具体包括无线介质访问、网络连接、数据加密、同步等功能。以下介绍前三个主要功能。

1. 无线介质访问

在 IEEE 802.11 标准中定义了两种无线介质访问控制的方法，它们是：分布协调功能（Distributed Coordination Function，DCF）和点协调功能（Point Coordination Function，PCF），如图 2-23 所示。

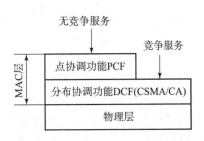

图 2-23 无线介质访问控制方法

（1）分布协调功能

DCF 是 IEEE 802.11 最基本的媒体访问方法，它不采用任何中心控制，而是在每一个节点使用 CSMA 机制的分布接入算法，让各个站通过争用信道来获取发送权。因此，DCF 向上提供的是一种面向竞争的服务，它包括载波检测（CS）机制、帧间间隔（IFS）和随机退避（Random Backoff）规程等重要内容。DCF 在所有的工作站上都可以实现，用于无线自组网和中心控制网络结构中。DCF 有两种工作方式：一种是基本工作方式，即 CSMA/CA 方式；另一种是 RTS/CTS 机制。

① CSMA/CA 机制。

IEEE 802.11 协议与以太网 IEEE 802.3 协议的 MAC 层非常相似，均是在一个媒体上支持多个用户共享资源，因此，用户在发送数据前必须确保传输媒质可用。在 IEEE 802.3 中，是由一种称为 CSMA/CD（载波侦听多点接入/冲突检测）的机制来解决以太网上的各个工作站如何共用线缆进行传输的问题的。然而要完成冲突检测，设备必须能够一边接收数据信号一边发送数据信号，这在无线局域网中是无法办到的。鉴于这个差异，在 IEEE 802.11 中对 CSMA/CD 做了一些调整，采用了一种新的协议，称为 CSMA/CA（载波侦听多点接入/冲突避免）机制。

CSMA/CA 方式采用两次握手机制，又称 ACK 机制。具体工作过程如图 2-24 所示。某一工作站若希望利用无线信道发送数据，首先必须探测网络中是否空闲，如果没有侦听到网络中正在传输数据，则附加等待一段时间（称为 DCF 的帧间隔，DIFS），再随机选择一个时间片继续探测，如果网络中有空闲，则发送数据。当接收方正确地接收帧后，就会立即发送确认帧（ACK），发送方收到该确认帧，就知道该帧已成功发送；若发送方没有收到确认帧，该数据报将等待一段时间后被重传。

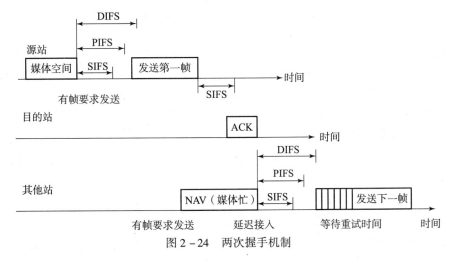

图 2-24 两次握手机制

载波侦听（CS）是 CSMA/CA 的基础，它由物理载波监测（Physical CS）和虚载波监测（Virtual CS）两部分组成。物理载波监测在物理层完成，物理层对天线接收到的信号进行监测，若探测到有效信号，物理载波监测认为信道忙；虚载波监测在 MAC 子层完成，这一过程体现在网络分配向量（Network Allocation Vector，NAV）更新之中，NAV 中存放的是介质信道使用情况的预测信息，这些预测信息是根据 MAC 帧中 Duration（持续时间）字段声明的传输时间来确定的。NAV 可以看成是一个以某个固定速率递减的计数器，当该计数器值为 0 时，虚载波监测认为信道空闲；不为 0 时，则认为信道忙。载波监测最后的状态指示是在对物理载波监测和虚载波监测的结果进行综合后产生的，只要有一个指示为"忙"，则载波监测指示为"忙"；只有当两种方式都指示为信道"空闲"时，载波监测才指示信道"空闲"，这时才能发送数据。如果信道繁忙，CSMA/CA 协议将执行退避算法，然后重新检测信道，这样可以避免各工作站间共享介质时可能造成的碰撞。

CSMA/CA 协议之所以要执行退避算法，是因为在介质繁忙状态刚刚结束的时间窗口，是碰撞可能发生的最高峰期，尤其是在利用率较高的环境中。因为此时许多工作站都在等待介质空闲，所以介质一旦空闲，大家就试图在同一时刻进行数据发送。因此，在介质空闲后，利用随机退避时间控制各工作站发送帧的进行是非常有必要的，这样可以使各工作站之间的碰撞概率达到最小。

图 2-25 所示即为 BEB 二进制指数退避算法示意图。图中，SIFS 是标准定义的时间段，比 DIFS 时间间隔短。A、B 两个站点共享信道。当 A 站点检测到信道空闲时间大于 DIFS 时，发送数据报，B 站点此时立刻停止退避时间计数，直到又检测到信道空闲时间大于 DIFS 时，继续开始计数。当 B 站点的退避时间计数器为 0 时，B 站点开始发送数据报。

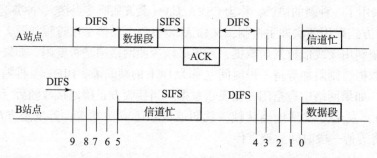

图 2-25　BEB 二进制指数退避算法示意图

关于退避时间窗口（CW）的选取，当站点第一次试图发送数据包时，BEB 选择一个随机时隙（CW = CWmin）进行等概率传输，CWmin 是最小竞争窗口。每当节点传送数据包发生冲突时，竞争窗口的大小都会成为原来的两倍，直到它的上限 CWmax。因此，退避时间窗口可以这样来表示：CW = min{2 * CW, CWmax}。退避算法具体过程如下：

- 一旦检测到媒体空闲，退避计时器开始递减计时。
- 若检测到媒体忙，则退避计时器停止计时，直到检测到媒体空闲时间大于 DIFS 后，重新递减计时。
- 若退避计时器减少到 0 时，媒体仍为空，则该终端就占用媒体。
- 退避时间值最小的终端在竞争中获胜，取得对媒体的访问权；失败的终端会保持在退避状态，直到下一个 DIFS。

●保持在退避状态下的终端，比第一次进入的新终端具有更短的退避时间，易于接入媒体。

② RTS/CTS 机制。

无线局域网 MAC 层还可能有"隐蔽站点"的问题，即两个通信的工作站利用一个中心接入点进行连接，这两个工作站都能够"听"到中心接入点的存在，但相互之间可能由于障碍或者距离等原因而无法感知对方的存在。RTS/CTS 机制就是为了更好地解决隐蔽站点带来的碰撞问题，在发送站与接收站之间以握手的方式对信道进行预约的一种方法。RTS/CTS 机制采用四次（Four-way）握手机制，如图 2 – 26 所示。

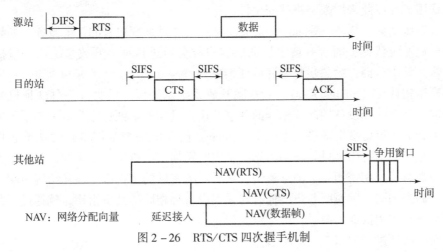

图 2 – 26 RTS/CTS 四次握手机制

四次握手机制包括 RTS—CTS—DATA—ACK 四个过程，发送方在发送一帧数据之前，首先发送一个 RTS 帧预约信道，若接收方可以通信，则发回一个 CTS 帧，之后发送方开始进行数据帧的发送，继而接收方返回 ACK 确认帧。如果发送方没有接收到返回的 ACK 帧，则会认为之前的传输没有成功，从而重新传输；但是如果只是返回的 ACK 丢失了，之前的 RTS 和 CTS 帧传输得非常成功，则重新发送的 RTS 到达接收方后，接收方只会重新发送 ACK 而不是 CTS，且退避时间量并不会增加；如果发送了 RTS 后，在接收超时之前都没有接收到 CTS 或 ACK，那么退避时间量就会增加；当接收到 ACK 后，退避时间量就会减少。

（2）点协调功能

PCF 是一种 AP 独有的控制功能，它以 DCF 控制机制为基础，提供了一种无冲突的介质访问方法。PCF 是可选的（Optional）媒体访问方法，仅用于中心控制网络结构中。PCF 提供可选优先级的无竞争的帧传送，在这种工作方式下，由接入点控制来自各工作站的帧的传送，采用一种类似于轮询的方法将发送数据权轮流交给各个站，从而避免了碰撞的产生。对于时间敏感的业务，如分组语音，就应该使用提供无争用服务的点协调功能 PCF。

2. 网络连接

无线局域网络的连接过程可以分为以下四个步骤：

（1）扫描（Scanning）

当工作站接通电源之后，首先通过扫描技术检测有无现成的工作站和访问节点可供加入。扫描技术有主动扫描和被动扫描两种方式。

①主动扫描技术：主动扫描是指工作站启动后扫描所有信道，一次扫描中，工作站采用

一组频道作为扫描范围，如果发现哪个频道空闲，就广播带有 ESSID 的探测信号，无线接入点根据该信号做出响应。

②被动扫描技术：该模式下，工作站通过侦听无线接入点定期发送的信标帧来发现网络，信标帧中包含该 AP 所属的 BSS 的基本信息及 AP 的基本能量级，具体包括 BSSID（AP 的 MAC 地址）、支持的速率、支持的认证方式、加密算法、信标帧发送间隔、使用的信道等。

（2）认证（Authentication）

无线局域网为防止非法用户接入，在工作站定位了接入点，并获取了同步信息之后，就开始交换验证信息。认证服务提供了控制无线局域网接入的能力。IEEE 802.11 标准提供以下两种认证服务，以此来增强网络的安全性。

①开放系统认证（Open System Authentication）。这是系统缺省的认证服务。如果认证类型设置为开放系统认证，则所有请求认证的客户都会通过认证。开放系统认证包括两个步骤：第一步是请求认证，第二步是返回认证结果。

②共享密钥认证（Shared Key）。这是除开放系统认证以外的另外一种认证机制。共享密钥认证需要客户端和设备端配置相同的共享密钥。具体的认证过程为：客户端先向设备发送认证请求，无线设备端会随机产生一个 challenge 包（即一个字符串）发送给客户端，客户端会将接收到的字符串拷贝到新的消息中，用密钥加密后再发送给无线设备端，无线设备端接收到该消息后，用密钥将该消息解密，然后对解密后的字符串和最初给客户端的字符串进行比较。如果相同，则说明客户端拥有与无线设备端相同的共享密钥，就通过了共享密钥认证，否则共享密钥认证失败。

以上两种认证过程如图 2 - 27 所示。

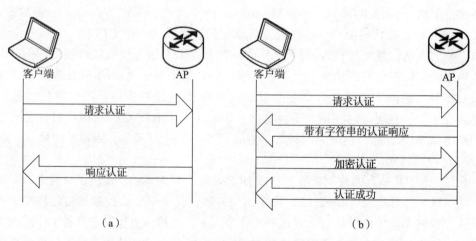

图 2 - 27　认证过程

（a）开放系统认证；（b）共享密钥认证

（3）关联（Associate）

工作站经过认证后，关联就开始了。关联用于建立无线访问点和无线工作站之间的映射关系，分布式系统将该映射关系分发给扩展服务区中的所有 AP，一个无线工作站同时只能与一个 AP 关联。在关联过程中，无线工作站与 AP 之间要根据信号的强弱协商速率，若是 IEEE 802.11b 标准，则速率可在 11 Mb/s、5.5 Mb/s、2 Mb/s 和 1 Mb/s 之间切换。

（4）漫游（Roaming）

如果工作站从一个小区切换到另一个小区，这就是处在漫游过程中。漫游过程中，移动的工作站需要与新的 AP 建立关联，以此向用户提供透明的无缝连接。漫游包括基本漫游和扩展漫游，基本漫游是指无线工作站的移动仅局限在一个扩展服务区内部，扩展漫游指无线工作站从一个扩展服务区中的一个 BSS 移动到另一个扩展服务区的一个 BSS。

3. 数据加密

在有线局域网中，只有物理上连接到网络的那些工作站才可以侦听 LAN 的服务。对无线网络而言，情况则不同，任何一台符合标准的工作站都可以侦听到其覆盖范围内的所有物理层服务。因此，无保密的独立无线链路若连接到已存在的有线 LAN，会严重降低有线 LAN 的安全级别。

为了加强无线局域网的保密性能，IEEE 802.11 标准定义了可选的 WEP 服务，以使无线网络更具安全性。WEP 算法生成共用加密密钥，发送端和接收端工作站均可用它改变帧位，以避免信息的泄漏。这个过程也称为对称加密。工作站可以只实施 WEP 而放弃认证服务。但是如果要避免网络受到安全威胁的攻击，就必须同时实施 WEP 和认证服务。

🔁 **看一看**

无线局域网 MAC 层

2.4.2　MAC 层帧结构

IEEE 802.11 标准定义了 MAC 帧结构的主体框架，如图 2－28 所示，主要包括帧首部、帧体和帧校验序列三大部分，其中帧首部由帧控制字段、持续时间字段、序列控制字段及地址字段等组成。具体字段内容如下：

（1）帧控制（Frame Control）

该字段是在工作站之间传送控制信息，包括协议版本、帧类型、是否来自（或前往）分布式网络等信息，其中帧类型字段用来区分帧功能。

为了实现数据在对等逻辑链路层（LLC）之间的传送，MAC 层用到了多种帧类型，分别为管理帧、控制帧及数据帧，每种类型的帧都有其特殊的用途。其中管理帧负责在工作站和 AP 之间建立初始的通信，提供连接和认证等服务。当工作站和 AP 之间建立连接和认证之后，控制帧为帧数据的发送提供辅助功能，如前文介绍的 RTS 帧、CTS 帧都属于控制帧。而数据帧的主要功能是传送信息到目标工作站，转交给 LLC 层。帧类型字段共占据 2 b，若其数值为 10，则该帧为数据帧；若值为 01，则该帧为控制帧；若值为 00，则该帧为管理帧。

（2）持续时间/标志（Duration/ID）

通常每个帧的持续时间/标志字段一般都表示下一个帧发送的持续时间信息，时间值的

71

大小取决于帧的类型。网络中的工作站就是通过监视这个字段，依据持续时间信息来确定等待时间的。

（3）地址 1/2/3/4（Address 1/2/3/4）

地址字段包含不同类型的地址，地址的类型取决于所发送帧的类型。这些地址类型可以包含基本服务组标识（BSSID）、源地址、目标地址、发送站地址和接收站地址等。

（4）序列控制（Sequence Control）

该字段最左边的 4 b 由分段号子字段组成。这个子字段标明一个特定 MAC 层服务数据单元的分段号。第一个分段号为 0，后续分段的分段号依次加 1。接下来的 12 b 是序列号子字段，从 0 开始，对于每一个发送的 MAC 层服务数据单元子序列依次加 1。

（5）帧体（Frame Body）

这个字段的有效长度可变，为 0 ~ 2 312 B。该字段信息取决于发送帧。如果发送帧是数据帧，则该字段会包含一个 MAC 层服务数据单元。而管理和控制帧会在帧体中包含一些特定的参数，这些参数由该帧所提供的特殊服务所决定。如果帧不需要承载信息，那么帧体字段的长度为 0。接收工作站从物理层适配头的一个字段判断帧的长度。

（6）帧校验序列（FCS）

发送工作站的 MAC 层利用循环冗余码校验法（Cyclic Redundancy Check，CRC）计算一个 32 b 的 FCS，并将结果存入这个字段。

MAC帧首部							
帧控制 2 B	持续时间/ 标志2 B	地址1 6 B	地址2 6 B	地址3 6 B	序列控制 2 B	地址4 6 B	帧体	帧校验 6 B

图 2 - 28　IEEE 802.11 MAC 帧结构

看一看

MAC 层帧结构

仿真训练 2：直接序列扩频仿真

1. 任务目标

①掌握扩频通信系统技术理论基础及直接序列扩频系统基本原理。

②利用 Simulink 工具搭建直接序列扩频通信系统模型。

③系统调试仿真，观察输入/输出信号波形。

2. 实现原理

直接序列扩频通信，其基本原理就是利用高速率的扩频序列在发射端扩展信号的频谱，而在接收端用相同的扩频码序列进行解扩，把展开的扩频信号还原成原来的信号。

在信号发射端，设数据码为 a_1，扩频码为 c_1，则其将扩频码与原始数据码进行异或操作（模二加），则扩频后的信号为

$$d_1 = a_1 \oplus c_1 \qquad\qquad (2-1)$$

在信号接收端，用扩频后的信号与原扩频码序列进行异或操作，即可得到原来的数据码，即

$$a_1' = d_1 \oplus c_1' \qquad\qquad (2-2)$$

式中，$c_1' = c_1$，根据扩频通信原理，在解扩频后可以恢复出原始数据，因此有 $a_1' = a_1$。

直接序列扩频系统仿真电路如图 2-29 所示，具体包括信源模块（Bernoulli Binary Generator）、扩频码产生模块（PN Sequence Generator）、扩频模块及示波器。主要模块的作用如下：

①Bernoulli Binary Generator：生成 Bernoulli 二进制码。

②PN Sequence Generator：生成 PN 码序列。

③AND：与门。

④NOT：非门。

⑤OR：或门。

⑥XOR：异或门。

⑦Scope：示波器，显示输出信号。

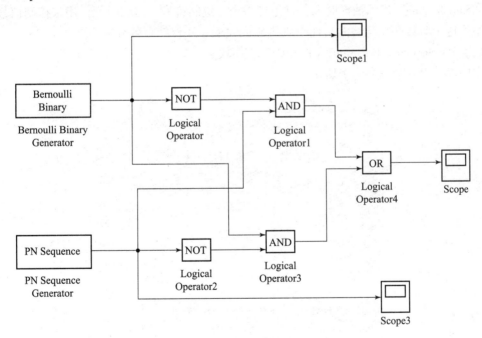

图 2-29　直接序列扩频通信原理图

3. 操作步骤

步骤 1：新建一个 Simulink 模型。按照图 2-29 组建直接序列扩频系统仿真电路。

步骤 2：设置各模块参数。

（1）Bernoulli Binary Generator（信源模块）

用于模拟基带信号发生器。其主要参数设置如图 2-30 所示。

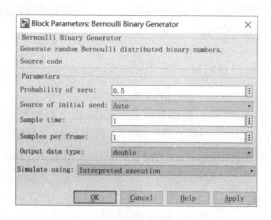

图2-30　信源模块参数设置

上述主要参数的设置说明如下。

①Probability of a zero：表示产生的信号中0符号的概率。为了便于频谱的计算，在仿真的时候一般设成0.5。

②Initial seed：表示控制随机数产生的参数，要求不小于30，此处选择Auto（自动分配）。

③Sample time：表示抽样时间，这里指一个二进制符号所占的时间，用来控制信号发生的速率。这个参数必须与后面其他模块的Symbol period保持一致。

（2）PN Sequence Generator（扩频码产生模块）

主要参数设置如图2-31所示。

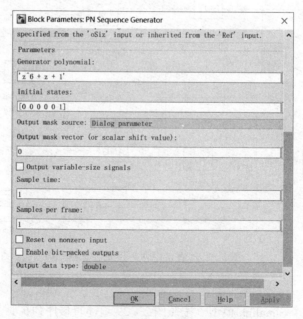

图2-31　扩频码产生模块参数设置

上述参数中，为了便于观察，伪随机序列的生成多项式和初始状态选择了默认值。抽样速率决定了最终信号的传输带宽，此处与信号源保持一致。

（3）与门、或门、非门、异或门（扩频模块）

门的选择方法如图2-32所示。

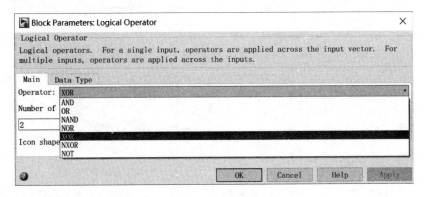

图2-32 门的选择

步骤3：运行程序，观察信号波形。

①单击"RUN"按钮，如图2-33所示。

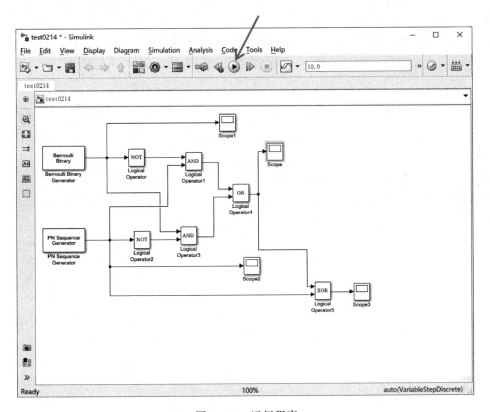

图2-33 运行程序

②得到信源信号、扩频码序列、扩频后的信号及解扩后信号，如图2-34所示，可见，解扩后的信号与信源信号一致。

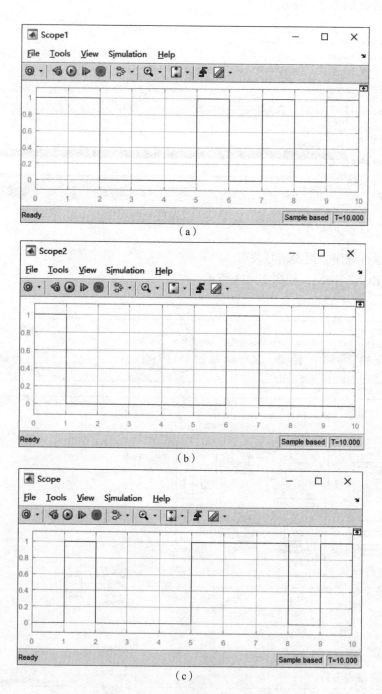

图 2 - 34　直接序列扩频仿真波形

（a）信源信号；（b）扩频码序列；（c）扩频后的信号

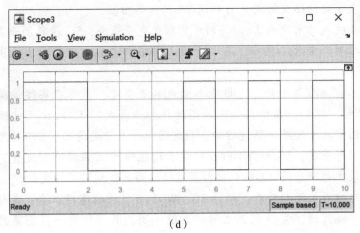

（d）

图2－34　直接序列扩频仿真波形（续）

（d）解扩后的信号

 知识拓展

Wi-Fi 6 标准

2019年9月16日，Wi-Fi 6标准正式发布，Wi-Fi联盟正式向具备合格硬件的制造商发放Wi-Fi 6认证。这意味着在不久的将来，会有不少支持Wi-Fi 6的设备前赴后继地涌入市场。那么什么是Wi-Fi 6标准呢？

传统的无线局域网技术标准IEEE 802.11系列WLAN规范以字母来命名，例如802.11a、b、g、n、ac、ax、p，但是从802.11ax标准化开始，为了方便用户记忆及市场宣传，Wi-Fi联盟将802.11系列技术重新按照数字命名，其中最新的802.11ax技术被命名为Wi-Fi 6。

随着5G技术的快速发展，Wi-Fi技术是否还有生存空间被广泛质疑，Wi-Fi始终追求更高传输速率的发展方向也受到来自5G的严峻挑战。面对这一挑战，Wi-Fi及时调整了发展方向，通过提升人口密集地区Wi-Fi网络服务质量、室内覆盖向室外广域覆盖、支持万物互联等重要举措，积极拓展生存空间。相比Wi-Fi 5（IEEE 802.11ac），Wi-Fi 6的网络带宽提升了4倍。Wi-Fi 6使用正交频分多址（OFDMA）对频谱进行细分，以便同时将其分配给许多用户（Wi-Fi 5则不具备此特性）。此外，Wi-Fi 6可以同时使用多用户多输入多输出（MI-MO）和OFDMA，其特性可以实现设备之间更有效的频谱共享和重复使用。

不可否认，5G和Wi-Fi 6在一些场景下的确存在前者替代后者的情况。例如，有了充足的5G流量，在进入消费场所时，用户不再让店家告知Wi-Fi密码。又例如，一些物联网设备的部署不再通过Wi-Fi连接，而是直接连接到5G网络中，如家中的智能家居不再需要用户手动配置（调研表明，空调等设备仅有30%左右连接上网），而是通电后即可联网，厂商可以监控设备。再如工业互联网设备，5G的连接能够更有效地实现鉴权与统一数据管理。

但是，更多的场景是二者仍保持明确的分工，各有侧重。

首先，从网络部署的角度而言，电信运营商会考虑综合成本最为经济的方案，会建设连续覆盖的宏基站网络体系，但绝对不会建造密集型室内微基站体系，尤其是在居民小区内。

运营商更愿意将末梢的网络交给用户自购的 Wi-Fi 6 路由器。

其次,从业务收入的角度而言,Wi-Fi 6 背后是宽带业务,5G 是移动业务,哪家运营商也没有积极性去推动二者合二为一,在耗费更多网络部署成本的基础上,实现业务收入的"1 + 1 < 2"。

再次,从技术特征的角度而言,性能参数表只是参考,真正在实际体验场景中,预计 Wi-Fi 6 仍然有优势。例如,在使用 VR 等高清视频业务时,Wi-Fi 6 可以确保高质量连接等。此外,随着网络技术发展,高速传输、稳定连接等是重要能力,但不是唯一能力,诸如室内外定位等均同等重要,5G 和 Wi-Fi 6 在这些增值能力上强弱有所差异,如商场内的位置定位,依靠布设更为密集的 Wi-Fi 6 路由器可以达到具体到楼层的定位。

最后,从网络演进长期趋势看,预计 5G、Wi-Fi 6 将实现深度融合。具体而言,二者将可能在协议底层实现互通,支持相互之间的无缝漫游,共同构建一张密集覆盖全国甚至全球、保证高质量传输、提供增值能力的基础通信网络。

Wi-Fi 6 标准的发布,将掀起一轮"行业革命"!

项目二习题

项目 3

蓝牙无线通信技术

随着计算机网络和蜂窝移动通信技术的飞速发展，发展小范围无线数据和语音通信技术的需要也日益迫切，蓝牙（Bluetooth）技术正是一种支持无线数据及语音传输的通信标准，它可以将计算机等多种通信设备、各种数字数据系统，甚至家用电器采用无线方式连接起来。由于蓝牙采用无线接口来代替传统的有线电缆连接，因此具有很好的灵活性及很强的移动性，适用于多种场合，加之蓝牙设备具有功耗低、对人体危害小、应用简单等特点，所以应用非常广泛。本项目将围绕蓝牙技术相关的基本概念、蓝牙技术标准、蓝牙系统的组成和关键技术及蓝牙技术的应用展开介绍。

模块 3.1　初识蓝牙技术

蓝牙是一种支持设备短距离通信的低功耗、低成本无线电技术，其通信距离一般为 10 m 之内。作为一种新型的数据、语音通信标准，蓝牙技术在当今的生活、工作中可谓无处不在，移动电话、PDA、无线耳机、笔记本电脑等众多设备都可以用作蓝牙系统的通信终端，利用蓝牙技术进行无线信息交换。

蓝牙技术利用无线链路取代传统有线电缆，不但可以免去设备之间相互连接的麻烦，而且便于人们进行流动操作，因此具有广泛的应用前景，正受到全球各界的广泛关注。新兴的蓝牙技术已从萌芽期进入了壮大发展期，在无线通信、消费类电子和汽车电子及工业控制领域得到广泛的应用。

3.1.1　无线个域网概述

读一读

个域网（Personal Area Network，PAN）是一种通信范围比局域网更小的网络。根据在传输中实现的功能，可以将通信网分为骨干网和接入网两类。其中，骨干网是国家批准的用来连接多个局域和地区网的互联网，而接入网则是指从骨干网到用户终端之间的所有设备。如果把接入网称为迈向数字家庭的"最后 1 千米"，那么个域网就是"最后 50 米"。如今，随着通信技术的不断发展及人们对各种便携式通信设备应用需求的迅速增长，用户计算机及其他通信工具所需连接的外围设备不断增多，这无疑会带来各种复杂的连接线，或者需要用户频繁地插拔某一接口，使用户在体验新技术带来的新体验的同时，又不得不忍受一些不便。此外，用户对网络通信的移动化也提出了更高的要求，当然，这也需要以没有复杂连线为前提。如何让距离很近的通信设备之间进行无线互联，成为无线个域网需要解决的问题。至此，继无线局域网及无线城域网之后，随着无线个域网的出现，无线接入产业链变得更加完善。各种无线网络的典型技术覆盖范围和数据传输速率如图 3-1 所示。

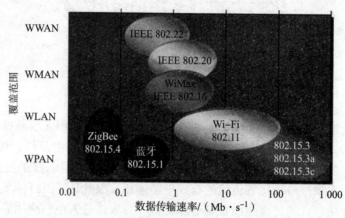

图 3-1　各种无线网络的典型技术覆盖范围及数据传输速率

3.1.2　无线个域网的组成、标准及分类

读一读

1. 无线个域网的组成

作为在便携式电子产品和通信设备之间进行特别短距离连接的网络，无线个域网一般具有两个特点：一是网络中的设备通常既能承担主控功能，又能承担被控功能；二是任一设备加入或离开现有网络可以非常便捷。无线个域网技术的存在就是为了实现活动半径更小、业务类型更丰富的无缝连接的无线通信。在网络结构上，个域网位于整个网络链的末端，用于实现相距很近的终端与终端间的连接。

无线个域网工作在个人操作系统下，需要相互通信的装置构成一个网络，并且无须任何中央管理装置。这种网络最重要的特性是采用动态拓扑以适应网络节点的移动性，其优点是按需建网、容错力强、连接不受限制。在无线个域网络中，一个装置用作主控，其他装置作为从属，系统适合传输文字、图像、MP3 和视频等多种类型的文件。WPAN 通常由以下 4 个层面构成。

（1）应用软件和程序

该层面由主机上的软件模块组成，控制无线个域网模块的运行。

（2）固件和软件栈

该层面管理链接的建立，并规定和执行 QoS 要求。这个层面的功能常常在固件和软件中实现。

（3）基带装置

基带装置主要负责数据传送所需的数字数据处理，其中包括编码、封包、检错纠错等环节。此外，基带还定义装置运行的状态，并与主控制器接口交互作用。

（4）无线电

无线电链路负责处理经 D/A 和 A/D 变换的所有输入/输出数据，它接收来自和到达基带的数据，并接收来自和到达天线的模拟信号。

由于无线个域网设备具有价格低廉、体积小、易操作和功耗低等优点，并且可以随时随地为用户实现设备间的无缝通信，使用户能够通过移动电话、局域网或广域网的接入点接入互联网，因此有巨大的市场潜力。目前，尽管有关 WPAN 的各种标准还在不断修改，但已展现出强大的生命力，国内外的通信、计算机和软件企业也正如火如荼地对 WPAN 的各项技术展开研究，酝酿着更大的技术突破。

2. 无线个域网标准

根据前文所述，针对无线局域网的标准是 IEEE 802.11，我们所了解的无线局域网是一个在小范围内实现通信的网络，其典型通信距离为几十米；而个域网是一个聚焦于个人的通信网络，最初，其宗旨就是把一个人周围的物品通过短距离无线通信网络联系起来，即"个人操作空间（Personal Operating Space，POS）"的概念，典型通信距离为 10 m 以内，如果人进行移动，则这个空间也将移动。但随着技术的不断发展，个域网的通信范围也进一步扩大，实际的应用中，很多都达到几十米甚至上百米的距离。

针对个人区域网络的标准为 IEEE 802.15，其包含若干个子系列标准：

①IEEE 802.15.1 是蓝牙最初版本的底层技术标准；

②IEEE 802.15.2 是解决共存问题的规范（实际是针对蓝牙和 Wi-Fi 的共存）；

③IEEE 802.15.3 是针对高数据速率个域网（即 UWB 技术）的标准；

④IEEE 802.15.4 是针对低数据速率个域网（即 ZigBee 技术）的标准；

⑤IEEE 802.15.5 标准定义了网状组网的个域网规范，包含了高速和低速的情况；

⑥IEEE 802.15.6 标准正在讨论制定当中，针对身体域网络，主要应用在医疗监护、个人娱乐等方面；

⑦IEEE 802.15.7 是基于可见光通信的个域网标准。

3. 无线个域网的分类

从不同的角度，可以将无线个域网划分为不同类别，以下将按照传输速率对无线个域网进行分类，通常可分为低速 WPAN 技术、高速 WPAN 技术和超高速 WPAN 技术。各种具有代表性的无线个域网技术物理层速率的比较见表 3-1。

（1）低速 WPAN

低速 WPAN 是按照 IEEE 802.15.4 标准进行设计的，主要应用于工业监控及组网、办公及家庭自动化控制、库存管理、人机接口装置及无线传感器网络等领域。由于现有无线解决方案的成本依然偏高，加之部分应用无须 WLAN 或者蓝牙系统的功能特性，因此出现了这一类低数据速率的近距离无线通信标准。与 WLAN 或蓝牙系统相比，低速 WPAN 结构简单、数据速率较低、通信距离短、功耗低、成本低。

表 3 – 1　几种 WPAN 物理层速率

逻辑链路控制（LLC）					
802. 15. 1 MAC	802. 15. 3 MAC		802. 15. 4 MAC		
802. 15. 1 2. 4 GHz 1 Mb/s	802. 15. 3 2. 4 GHz 11 Mb/s，22 Mb/s，33 Mb/s，44 Mb/s，55 Mb/s	802. 15. 3a 3. 1 ~ 10. 6 GHz >110 Mb/s	802. 15. 4 868 MHz 20 Kb/s	802. 15. 4 915 MHz 40 Kb/s	802. 15. 4 2. 4 GHz 250 Kb/s

（2）高速 WPAN

在 WPAN 领域，蓝牙技术（IEEE 802.15.1）是第一个取代相距很近的各种电器之间的有线连接，实现无线数据通信的技术。该技术经典的数据传输有效速率仅限于 1 Mb/s 以下，但随着技术的进步及版本的不断升级，目前蓝牙技术的数据速率也可达到几十兆比特每秒，因此将其称为高速 WPAN。高速 WPAN 适合大量多媒体文件、短时间内视频流及 MP3 等音频文件的传送。通常传送一幅图片只需 1 s。

（3）超高速 WPAN

在日常生活中，无线通信装置的数量急剧增长，同时，对更高数据传输速率的需求与日俱增，这一需求将把网络中各种信息传送速率推向更高，从而高速 WPAN 将不能满足这些应用需求。为此，IEEE 802.15.3a 工作组提出了更高数据率的物理层标准，用于替代高速WPAN 的物理层，从而构成超高速 WPAN 或超宽带（UWB）WPAN。超高速 WPAN 可支持110 ~ 480 Mb/s 的数据率。

看一看

无线个域网

3.1.3　蓝牙技术的提出、发展与展望

读一读

1. 蓝牙技术的提出

早在 1994 年，瑞典的爱立信移动通信公司为了实现在移动电话及其附件之间，用一种低功耗、低成本的短距离无线连接技术取代传统的有线连接，开始了对蓝牙技术的研究。随着项目的进行，他们愈发相信这种短距离无线通信技术具有非常广阔的应用前景。爱立信用10 世纪的丹麦国王哈拉尔德·蓝牙（Harald Bluetooth）的名字蓝牙（Bluetooth）来命名这

一技术。公元10世纪的北欧正值动荡年代，各国之间的战争频繁，丹麦国王哈拉尔德二世挺身而出，呼吁和平，经过他的不懈努力，战争终于停止，四分五裂的挪威和丹麦得以统一。这一命名正表达了他们希望这项技术将来能在世界范围内得到发展并一统短距离无线通信领域。蓝牙技术的标志是由斯堪的纳维亚（Scandinavian）公司设计的，如图3-2所示，标志中保留了它名字的传奇色彩，包含了古北欧字母"H"和"B"。

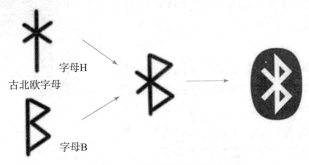

图3-2　蓝牙技术的标志

1998年5月，爱立信联合诺基亚（Nokia）、英特尔（Intel）、IBM和东芝（Toshiba）4家公司一起成立了蓝牙特殊利益集团，负责蓝牙技术标准的制定、产品测试，并协调各国蓝牙的具体使用。蓝牙特殊利益集团于1998年5月提出短距离无线数据通信技术标准，并于1999年7月正式公布蓝牙1.0版本规范，将蓝牙的发展推进到实用化阶段。

蓝牙特殊利益集团由几个工作组组成，每个工作组都致力于蓝牙技术特定部分或一些支持业务的研究。这些工作组是：

①空中接口工作组，其主要工作为研究无线层和基带层；

②软件工作组，该工作组主要负责开发协议栈规范；

③互操作性工作组，该工作组的重要任务为研究协议子集；

④一致性工作组，其主要工作是定义测试、一致性和认证过程；

⑤法律工作组，该工作组主要负责管理SIG的法律事务，如成员资格认定和知识产权协定等；

⑥市场工作组，其主要工作为推广蓝牙技术并帮助产生规范确定的市场需求。

其中一些较大的工作组，如软件工作组，被进一步分成几个特别任务小组，分别研究蓝牙协议栈的某一层。所有工作组的工作协调和整个SIG的管理由项目管理委员会负责，项目管理委员会由各发起成员选出的代表组成。

蓝牙技术与红外线链路通信（Infrared Link，IrDA）同属于短距离无线通信技术，却有着非常大的差别。目前已经非常成熟的红外线通信技术是利用红外线收发器取代电线或电缆的连接，虽然该技术可以实现无线通信，但使用起来却有许多不便：首先，红外技术的通信距离仅限于1~2 m；其次，其数据传输必须在视距范围内，即视线上需要直接对准，中间不能有任何阻挡；最后，红外通信只能同时在两个设备之间进行连接，不能同时连接更多的设备。与之相比，蓝牙通信系统的性能更具优势，它实现无线连接无须基站，其核心是一块边长为9 mm的正方形芯片模块，如图3-3所示。图3-3的左端为天线和滤波器，右端为单芯片的植入蓝牙的电子元件，它可以很方便地应用于电子产品中，具有很强的移植性，可随时随地应用于多种通信场合。一个蓝牙设备若通过发送无线电信号寻找到另一个蓝牙设备，两者便可以通信，交换信息。一个蓝牙设备最多可以同时和 7 个设备建立无线连接。

2. 蓝牙技术的发展与展望

蓝牙技术标准经历了不断完善和发展的过程，蓝牙特殊利益集团制定了不同版本的蓝牙标准，要区分蓝牙产品，首先应该关注该产品所符合的技术版本。蓝牙技术版本主要经历了以下几个重要的发展阶段。

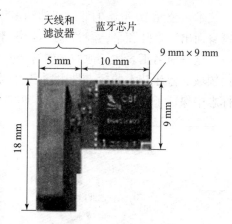

图 3 - 3　蓝牙芯片

（1）蓝牙 1.0

1999 年 7 月 26 日，蓝牙特殊利益集团正式公布蓝牙 1.0 版本规范，将蓝牙的发展推进到实用化阶段。蓝牙 1.0 版本主要针对点对点的无线连接，比如手机与计算机、计算机与外设、手机与耳机等的无线通信。在蓝牙 1.0 版本中，使用重传机制来保证链路的可靠性，并且可以在基带、链路管理和应用层实行多种分级的安全机制。此外，该技术版本可以通过跳频技术来消除来自网络环境中的其他无线设备的干扰。

（2）蓝牙 1.1

2001 年 3 月，蓝牙 1.1 版本正式发布。蓝牙 1.1 标准中对原先的版本做了一定的改进。

首先，蓝牙 1.0 版本主要是针对点对点的无线连接，而蓝牙 1.1 版本将点对点扩展为点对多点。

其次，1.1 版本通过对验证步骤的改进，进一步提高了蓝牙系统的安全性能。一般来说，蓝牙设备之间的通信都要进行加密，以两个蓝牙设备之间的通信为例，当主设备发起连接请求，从设备与其建立连接时，首先需要确认对方身份，如果密钥不匹配，则两设备间不能进行对话，因此，设备之间能否实现通信取决于能否生成正确的密钥。在蓝牙 1.0 中，连接对话启动时，两个设备争夺主从地位的竞争会影响通信结果。如果在启动对话时，从设备处理信息的速度快于主设备，那么这种竞争就会将从设备误认为主设备，虽然它们都能执行一定的算法生成密钥，但密钥是不一样的。在这种错误基础上，设备之间当然不会生成匹配的密钥。蓝牙 1.1 就非常明确地定义了设备验证所需的各个步骤，彻底纠正了这个问题。它要求每个设备必须明确承认首先启动对话的设备，从而确认自己在主从关系中的角色。

最后，蓝牙 1.1 对于频道的划分也做了改进。根据前面所述，在少数国家，如法国、日本、西班牙等，将 2.4 GHz 作为非商用频段，例如军事通信等，为适应其应用需要，蓝牙 1.0 规定，在这些国家，将 2.4 GHz 频段分为 23 个跳频信道。然而，工作在两种不同跳频信道的设备之间是互不兼容的。为了解决这个问题，蓝牙工作组与这些使用 23 个跳频信道的国家协商，将通用的 2.4 GHz 频段分为 79 个跳频信道，采用跳频扩频技术来传输数据。

（3）蓝牙 1.2

尽管蓝牙 1.1 标准做了大量改进，但是它的缺点依然明显，例如容易受到同频率产品的干扰，从而影响通信质量。在蓝牙特殊利益集团于 2003 年 11 月宣布的蓝牙 1.2 标准中，采用自适应跳频（Adaptive Frequency Hopping，AFH）技术，利用其自动选择合适的频段的功能，减少蓝牙产品与其他无线通信装置之间的干扰，从而提供了更好的同频抗干扰能力。此外，蓝牙 1.2 还加强了语音识别能力，并向下兼容蓝牙 1.1 标准的设备。

（4）蓝牙 2.0

2004 年 11 月，蓝牙 2.0 标准（2.0 + EDR）正式推出，从而使蓝牙的应用扩展到多媒体设备中，新标准提高了数据传输速率（可达以前速率的 3 倍）。同时，在进行大量数据传输时，功耗降低为原标准的一半。这将大大改善蓝牙用户使用多个蓝牙设备协同工作及传输大型数据文件时的体验，同时，还将延长移动设备的电池使用时间。

由于带宽增加，新标准提高了设备同时进行多项任务处理或同时连接多个蓝牙设备的能力，并可传输大容量数据文件。低功耗特点使蓝牙设备的使用时间达到蓝牙 1.2 标准的 2 倍，蓝牙 2.0 版本可与以往所有规范进行兼容。

在蓝牙 2.0 中，EDR 是作为补充出现的，所以，人们通常看到的是“蓝牙核心规范 2.0 版本 + EDR”的说法。

（5）蓝牙 2.1

为了改善蓝牙技术存在的问题，蓝牙特殊利益集团推出了蓝牙 2.1 + EDR 版本的蓝牙技术。蓝牙 2.1 + EDR 主要针对老版本进行了两个方面的改进：一是改善设备配对的流程，在以往的连接过程中，需要利用个人识别码来确保连接的安全性，而改进后的连接方式则会自动使用数字密码进行配对与连接；二是具有更佳的省电效果，蓝牙 2.1 加入了减速呼吸模式功能，蓝牙 2.1 将装置之间相互确认的信号发送时间间隔从旧版的 0.1 s 延长到 0.5 s 左右，如此可以让蓝牙芯片的工作负载大幅降低，也可以让蓝牙有更多的时间彻底休眠。根据官方的报告，采用此技术之后，蓝牙装置在开启蓝牙联机之后的待机时间可以有效延长 5 倍以上，开始支持全双工通信模式。

（6）蓝牙 3.0

2009 年 4 月，蓝牙特殊利益集团新颁布了蓝牙 3.0 版本，即蓝牙核心规范 3.0 版本 + 高速（蓝牙 3.0 + HS）。该标准的核心是交替射频技术（AMP）。AMP 允许蓝牙协议栈针对任一任务动态地选择正确射频，从而蓝牙 3.0 的传输速率提高至 24 Mb/s。除了使用 AMP 技术以外，蓝牙 3.0 + HS 版本中，在原来只有广播、没有连接数据模式基础上，增加了单播无连接数据模式，使得无连接信道可以用于主设备与从设备之间进行双向数据传输，从而减少需要快速连接和发送少量数据的反应时间，进一步降低了设备的功耗。

（7）蓝牙 4.0

2009 年 12 月，蓝牙特殊利益集团推出了蓝牙 4.0 版本。蓝牙 4.0 作为蓝牙 3.0 的升级标准，最重要的特性是省电，可以使一粒纽扣电池连续工作数年之久。此外，低成本和跨厂商互操作性、3 ms 低延迟、AES-128 加密等诸多特色，可以用于计步器、心律监视器、智能仪表、传感器物联网等众多领域，大大扩展了蓝牙技术的应用范围。

蓝牙 4.0 是蓝牙 3.0 + HS 规范的补充，专门面向对成本和功耗都有较高要求的无线方案，可广泛用于卫生保健、体育健身、家庭娱乐、安全保障等诸多领域。它支持两种部署方式：双模式和单模式。双模式中，低功耗蓝牙功能集成在现有的经典蓝牙控制器中，或在现有经典蓝牙技术（2.1 + EDR/3.0 + HS）芯片上增加低功耗堆栈，整体架构基本不变，因此成本增加有限。单模式只能与 BT4.0 互相传输，无法向下兼容（与 3.0/2.1/2.0 无法相通）；双模式可以向下兼容，可与 BT4.0 传输，也可以跟 3.0/2.1/2.0 传输。单模式面向高度集成、紧凑的设备，使用一个轻量级连接层（Link Layer）提供超低功耗的待机模式操作、简单设备恢复和可靠的点对多点数据传输，还能让联网传感器在蓝牙传输中安排好低功耗蓝牙流量的次序，同时，还有高级节能和安全加密连接功能。

蓝牙 4.0 将 3 种规格集成于一体，包括传统蓝牙技术、高速技术和低耗能技术。其与 3.0 版本相比，最大的不同就是低功耗。4.0 版本的功耗较老版本降低了 90%，更省电。随着蓝牙技术由手机、游戏、耳机、便携电脑和汽车等传统应用领域向物联网、医疗等新领域的扩展，对低功耗的要求会越来越高，4.0 版本强化了蓝牙在数据传输上的低功耗性能。

（8）蓝牙 4.1

如果说蓝牙 4.0 的主要特性省电，那么蓝牙 4.1 的主要特征应当是 IOT（全联网），也就是把所有设备都联网。为了实现这一点，对通信功能的改进是蓝牙 4.1 最为重要的改进之一。

蓝牙 4.1 的主要特点是批量数据的传输速度快。蓝牙的传输速度一直比较慢，与 Wi-Fi 毫无可比性，所以蓝牙 4.1 在已经被广泛使用的蓝牙 4.0 LE 基础上进行了升级，使得批量数据可以以更高的速度传输。当然，这并不意味着可以用蓝牙高速传输流媒体视频，这一改进主要针对的刚刚兴起的可穿戴设备。

例如比较常见的健康手环，其发出的数据流并不大，通过蓝牙 4.1 能够更快速地将跑步、游泳、骑车过程中收集到的信息传输到手机等设备上，用户能更好地实时监控运动的状况，这是很有用处的。

在蓝牙 4.0 时代，所有采用了蓝牙 4.0 LE 的设备都被贴上了 "Bluetooth Smart" 和 "Bluetooth Smart Ready" 的标志。其中 Bluetooth Smart Ready 设备指的是 PC、平板、手机这样的连接中心设备，而 Bluetooth Smart 设备指的是蓝牙耳机、键盘、鼠标等扩展设备。之前这些设备之间的角色是早就安排好了的，并不能进行角色互换，只能进行 1 对 1 连接。而在蓝牙 4.1 技术中，允许设备同时充当 "Bluetooth Smart" 和 "Bluetooth Smart Ready" 两个角色，这就意味着能够让多款设备连接到一个蓝牙设备上。

除此之外，对于可穿戴设备上网不易的问题，也可以通过蓝牙 4.1 进行解决。新标准加入了专用通道，允许设备通过 IPv6 联机使用。举例来说，如果有蓝牙设备无法上网，那么通过蓝牙 4.1 连接到可以上网的设备之后，该设备就可以直接利用 IPv6 连接到网络，实现与 Wi-Fi 相同的功能。尽管受传输速率的限制，该设备的上网应用有限，不过同步资料、收发邮件之类的操作还是完全可以实现的。这个改进的好处在于传感器、嵌入式设备只需蓝牙便可实现连接手机、连接互联网。相对而言，Wi-Fi 多用于连接互联网，在连接设备方面效果一般，无法做到蓝牙的功能。随着物联网逐渐走进人们的生活，无线传输在日常生活中的地位也会越来越高，蓝牙作为普及最广泛的传输方式，将在物联网中起到不可忽视的作用。不过，要使蓝牙完全适应 IPv6，则需要更长的时间，具体取决于芯片厂商如何帮助蓝牙设备增加 IPv6 的兼容性。

（9）蓝牙 4.2

2014 年 12 月 4 日，蓝牙 4.2 标准颁布，改善了数据传输速度和隐私保护程度，可直接通过 IPv6 和 6LoWPAN 接入互联网。在新的标准下，蓝牙信号想要连接或者追踪用户设备，必须经过用户许可，否则，蓝牙信号将无法连接和追踪用户设备。速度变得更快，两部蓝牙设备之间的数据传输速度提高了 2.5 倍，因为蓝牙智能（Bluetooth Smart）数据包的容量提高，其可容纳的数据量相当于此前的 10 倍左右。

（10）蓝牙 5.0

蓝牙 5.0 于美国时间 2016 年 6 月 16 日在伦敦正式发布，为现阶段最高级的蓝牙协议标准。蓝牙5.0具有更快的传输速度、更远的有效距离，此外，蓝牙5.0将添加更多的导航功能、物联网功能和传输功能。

随着蓝牙标准化进程的推进，蓝牙技术获得了越来越广泛的应用，在应用过程中可以看到，还需要不断地完善其技术特性，才能适合信息化技术未来的发展要求。总的来讲，蓝牙技术未来的发展趋势可以归纳为如下几点：

（1）芯片越来越小巧

蓝牙技术要嵌入电子器件内，就要考虑蓝牙的芯片尺寸。它必须具有小巧、廉价、结构紧凑和功能强大的特点，才能适用于各种电子器件。

（2）与其他技术共存

蓝牙只是短距离无线通信领域中的一项重要技术，有其自身的局限性，无线个域网的实现往往需要几种技术的结合，只有使用几种无线通信技术的设备之间能够互通，才能使其具有意义。因此，IEEE 802.15 委员会采纳了可使蓝牙和 IEEE 802.11b 共存的技术提案，解决了蓝牙产品基础组件间的兼容问题。Ashvattha 半导体公司宣称已经开发出 RF 单芯片系统，利用该系统可以同时接收和发送 GSM、蓝牙和 GPS 信号。

（3）提高抗干扰能力和传输距离

实验表明，在同时使用无线局域网和家用微波炉的情况下，蓝牙的性能明显下降。无干扰时，数据速率为 500 ~ 600 Kb/s，一旦干扰出现，速率会突然降至 200 Kb/s。目前美国 Mobilian 公司推出了兼具无线局域网和蓝牙功能的芯片组。由两个芯片构成的芯片组通过采用消除电波干扰的方法，实现了两种规格数据通信的同时进行。

（4）向单芯片方向发展

目前，蓝牙芯片供应商提供的芯片可分为两种：一种是集成了射频与基带部分的单个芯片；另一种是射频芯片与基带芯片相互独立，将其组合起来同样可构成与第一种功能相应的模块。为缩短开发周期，一般采用前者进行应用开发，如 CSR 公司 Blue Core 系列芯片和 Ericsson 公司的 ROK101007 芯片等。

（5）众多操作系统支持蓝牙

微软公司近年来上市的所有 Windows 操作系统均支持蓝牙。以 IBM 为首的众多计算机厂商正在努力达成协议，为 PC 平台制定蓝牙标准，以解决不同设备之间的兼容性问题。

（6）支持漫游功能

蓝牙技术可以在微网络或扩大网之间切换，但每次切换都必须断开与当前 PAN 的连接。为解决此问题，Commil 技术公司设计了一种系统，即使在蓝牙模式不同入口点之间漫游，仍可以维持连续的、不中断的数据和声音交流。

看一看

蓝牙技术概述

模块 3.2 了解蓝牙技术的特点

作为一种短距离无线通信的技术规范，蓝牙起初的目标是取代现有的计算机、移动电话等各种数字设备上的有线电缆连接。从目前的应用来看，由于蓝牙具有体积小、功耗低、普适性强等多方面的优势，它几乎可以被集成到任何类型的数字设备中，特别是那些对数据传输速率要求不高的移动设备和便携设备。蓝牙技术的主要特点如下。

3.2.1 蓝牙的工作频段

读一读

蓝牙技术工作在全球共用的 ISM 频段，即 2.4 GHz 频段。所谓 ISM 频段，是指用于工业、科学和医学的全球共用频段，该频段可以免费使用而不用申请无线电频率许可，它包括 902 ~ 928 MHz 和 2.4 ~ 2.484 GHz 两个频段范围，目前大多数国家使用的是 2.4 ~ 2.483 5 GHz。

表 3 - 2 所示为各国蓝牙的信道分配。由表可见，在大多数国家，将 2.4 GHz 的频段划分为 79 个跳频信道，相邻频点间隔 1 MHz。

表 3 - 2 蓝牙的信道分配

区域	调节范围/GHz	RF 信道/MHz
美国、欧洲的大部分国家和其他部分国家	2.4 ~ 2.483 5	$f = 2.402 + n,$ $n = 0, 1, \cdots, 78$
日本	2.471 ~ 2.497	$f = 2.473 + n,$ $n = 0, 1, \cdots, 22$
西班牙	2.445 ~ 2.475	$f = 2.449 + n,$ $n = 0, 1, \cdots, 22$
法国	2.446 5 ~ 2.483 5	$f = 2.454 + n,$ $n = 1, 2, \cdots, 22$

由于蓝牙技术的基本出发点是使其设备能够在全球范围内应用于任意的小范围通信，因此，任一蓝牙设备都可以根据 IEEE 802.15 标准得到全世界唯一的 48 位的地址，这是一个公开的地址码，可以通过人工或自动进行查询。

3.2.2 蓝牙的组网特点

读一读

1. 主设备与从设备

根据蓝牙设备在网络中的角色，可以将其分为主设备（Master）与从设备（Slave）两种类型。当无连接的多个蓝牙设备相互靠近时，若有一个设备主动向其他设备发起连接请求，而其他设备进行响应，则它们就形成了一个微微网（Piconet）。其中主动发起连接请求的设备称为微微网的主设备，而对主设备的连接请求进行响应的设备称为从设备。

另外，微微网中还定义了终端的四种状态，即主"M"、从"S"、备用"SB"、暂停/挂起"P"。在微微网中，"M"终端可以同时处理7个甚至更多个活动的从设备；"S"终端可以存在于多个微微网中；终端如不能接入网络，则转为"SB"状态，等待一段时间后再进入微微网；无通信时，可处于暂停/挂起状态，即"P"状态，以低功率连接。

2. 微微网与散射网

蓝牙系统采用一种灵活的组网方式，它不需要类似于蜂窝网基站和无线局域网接入点之类的基础网络设施。蓝牙网络的拓扑结构有两种形式：微微网和散射网。微微网是通过蓝牙技术以特定方式连接起来的一种微型网络，它是一种最简单的组网形式。图3-4中表示的是两个独立的微微网。一个微微网可以只是2台设备实现点到点的连接，例如一台笔记本电脑和一部移动电话；也可以是8台连在一起的设备。在一个微微网中，主设备单元负责提供时钟同步信号和跳频序列，从设备单元一般是受控同步的设备单元，接受主设备单元的控制。一个主设备最多和7个从设备进行通信。

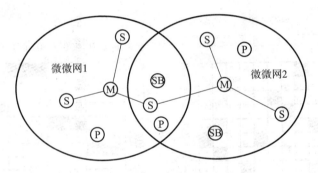

图3-4　两个独立的微微网

散射网（Scatter Net）是多个微微网在时空上相互重叠组成的比微微网覆盖范围更大的蓝牙网络，如图3-5所示。虽然每个微微网只有一个主设备，但是一个微微网中的从设备又可作为另一个微微网中的从设备，即从设备可以基于时分复用（Time Multiplexing）机制加入不同的微微网，甚至一个微微网的主设备也可以成为另一个微微网的从设备。每个微微网都遵循自己主设备的跳频序列，它们之间并不跳频同步，这样就避免了同频干扰。

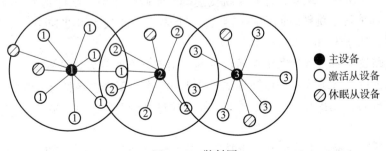

图3-5　散射网

89

3.2.3 蓝牙的抗干扰能力

🔄 读一读

由于 ISM 频段对所有无线电系统都开放，例如 Wi-Fi、ZigBee 及微波炉等设备都工作在这一频段，为了避免与这些设备产生相互干扰，蓝牙系统通过跳频技术保证蓝牙链路的稳定性。

跳频技术是指把频带分成若干个跳频信道（Hopping Channel），在一次连接中，无线电收发器按一定的码序列（技术上将这种码序列叫作"伪随机码"）不断地从一个信道"跳"到另一个信道，只有收发双方是按这个规律进行通信的，而其他的干扰不可能按同样的规律进行干扰。如图 3-6 所示，横轴为时间，纵轴为频率，这个时间与频率的平面叫作时－频域，它表明了什么时间采用什么频率进行通信，时间不同，频率也不同。由跳频扩频技术的时－频域特性可见，无线电收发器可以不断地进行频点的跳变，即使在某个频点存在同频干扰，由于通信频率马上转移，因此仍然可以保证传输的可靠性。另外，尽管跳频的瞬时带宽是很窄的，但通过扩展频谱技术可以使这个带宽成百倍地扩展成宽频带，从而使干扰的影响变得很小。

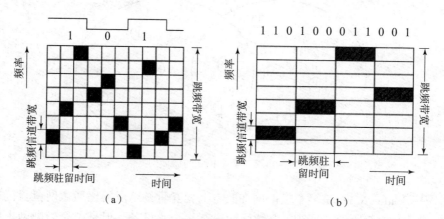

图 3-6　跳频扩频技术的时－频域特性
(a) 快跳频；(b) 慢跳频

根据码元间隔和频率跳变速率的关系，跳频可分为快跳频和慢跳频两种。如果每个调制码元间隔内存在多次频率跳变，即频率跳变速率大于码元速率，则称其为快跳频，如图 3-6 (a) 所示；如果每个跳频时间间隔内存在多个码元，即频率跳变速率小于码元速率，则称其为慢跳频，如图 3-6 (b) 所示。

当蓝牙链路建立后，蓝牙系统在通信过程中由蓝牙接收和发送装置按照一定的伪随机编码序列快速地进行信道跳转，每秒钟频率改变 1 600 次，每个频率持续 625 μs。但在建链时（包括寻呼和查询），则提高为 3 200 跳/s。使用这样高的跳频速率，蓝牙系统具有足够高的抗干扰能力。

此外，蓝牙协议提供了认证和加密功能，以保证链路级的安全。蓝牙系统认证与加密服务由物理层提供，适合硬件实现，密钥由高层软件管理。

看一看

蓝牙技术的特点1

3.2.4　蓝牙传输信号的类型

读一读

　　蓝牙技术具有电路交换和分组交换两种数据传输类型，因此能够同时支持实时语音传输和各种速率的数据传输。目前基于 PSTN 网络的语音业务是通过电路交换实现的，即在发话者和受话者之间建立一条固定的物理链路；而基于互联网络的数据传输为分组交换数据业务，即将数据分为多个数据包，同时对数据包进行标记，通过随机路径传输到目的地之后按照标记进行再次封装还原。

　　语音和数据既可以单独传输，也可以同时传输。当仅传输语音时，蓝牙设备最多同时支持 3 路全双工的语音通信，语音编码采用脉冲编码调制（PCM）或连续可变斜率增量调制（CVSD），每个语音信道数据传输速度为 64 Kb/s。当语音和数据同时传输或仅传输数据时，如果采用非对称数据传输，则单向最大传输速度为 721 Kb/s，反向为 57.6 Kb/s；如果采用对称数据传输，则速度最高为 433.9 Kb/s，其中前者特别适合无线访问 Internet。

3.2.5　蓝牙的通信距离

读一读

　　蓝牙设备的通信距离与其发射功率密切相关，典型的通信距离为 10 m，当发射功率增大或减小时，其通信距离可进行扩展至 100 m 或缩小至 1 m，以满足不同设备的需要。不同等级的发射功率和传输距离之间的关系见表 3-3。

表 3-3　不同等级的发射功率和传输距离

等级	最大允许发射功率		范围/m
	mW	dBm	
第一级	100	20	100
第二级	2.5	4	10
第三级	1	0	1

3.2.6 蓝牙系统的功耗

读一读

由于蓝牙设备定位于近距离通信，因此所需的发射功率很低。蓝牙设备在通信连接状态下，有4种工作模式，分别为激活（Active）模式、呼吸（Sniff）模式、保持（Hold）模式和休眠（Park）模式。其中，激活模式是正常的工作状态，另外3种模式是为了节能所规定的低功耗模式；呼吸模式下的从设备周期性地被激活；保持模式下的从设备停止监听来自主设备的数据分组，但保持其激活成员地址；休眠模式下的主从设备间仍保持同步，但从设备不需要保留其激活成员地址。后3种模式中，呼吸模式的功耗最高，对主设备的响应最快；休眠模式的功耗最低，但是对主设备的响应最慢。

蓝牙设备的功耗能够根据使用模式自动调节，蓝牙设备的正常工作功率为 2.5 mW，发射距离为 10 m，若发射功率增加至 100 mW，则传输距离可达 100 m，基本可以满足常见的短距离无线通信需要。当传输数据量减少或者无数据传输时，蓝牙设备将减少处于激活状态的时间，而进入低功率工作模式，这种模式将比正常工作模式节省70%的发射功率。

此外，鉴于个人移动设备的体积较小，因此，嵌入其内部的蓝牙模块体积应该更小，图 3-3 所示的蓝牙设备的核心是一块边长为 9 mm 的正方形芯片，而爱立信公司的蓝牙模块 ROK1011007 的外形尺寸也仅为 33 mm × 17 mm × 3 mm。

看一看

蓝牙技术的特点2

模块 3.3 组建蓝牙网络

蓝牙系统一般由4个功能单元组成：无线射频单元、链路（基带）控制单元、链路管理单元和软件功能单元，其结构如图 3-7 所示。

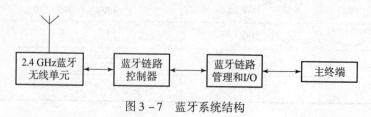

图 3-7 蓝牙系统结构

3.3.1 无线射频单元

读一读

无线射频单元在蓝牙系统中的位置如图 3 – 7 所示。该单元作为通信系统与传输介质之间的空中接口，主要负责数据的发射和接收。不同厂商的设备要实现兼容或者互操作，需要满足的一个最基本的要求就是射频规范的统一。此外，射频部分还决定着系统的通信质量。蓝牙射频单元的规范规定了蓝牙所使用的射频频段、调制方式、调频频率、发射功率、接收机灵敏度等参数。

蓝牙射频单元采用全向天线，支持点到多点的通信，因此，多台蓝牙设备可以分享网络资源；同时，能够支持终端的移动性，使系统对设备的查询和发现过程更加容易。

蓝牙技术选用的工作频段是 2.4 GHz 的 ISM 频段，我国所使用的蓝牙射频频段最低频率为 2.402 GHz，最高频率为 2.48 GHz。为减少频带外的辐射和干扰，保留的上、下保护频带分别为 3.5 MHz 和 2 MHz。在 2.402～2.48 GHz 频段内，共定义了 79 个跳频载波，每个频道带宽为 1 MHz，相邻频道中心频率间隔为 1 MHz。

根据前面所述，为了减少工作在同频道的其他设备的干扰，蓝牙收发器采用慢跳频扩展频谱技术（FHSS），跳频序列为 224 位的伪随机序列，跳频频率为 1 600 跳/s，即在每个跳频信道的停留时间为 625 μs。为了简化实现方法，蓝牙采用 TDD 的双工方式。在时域上，信道被分成若干时隙，每个时隙为 625 μs。

图 3 – 8 所示为蓝牙技术的 FH/TDD 信道。由图可以看出，发送和接收采用不同的时隙和频率。此外，蓝牙采用了 GFSK 调制方式，调制系数 $k = 0.28～0.35$。

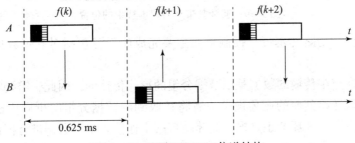

图 3 – 8　蓝牙 FH/TDD 信道结构

根据蓝牙发射器功率电平大小，蓝牙设备有 3 个功率级别：1 级功率的蓝牙设备发射功率为 100 mW（20 dB）；2 级功率的蓝牙设备发射功率为 2.5 mW（约 4 dB）；3 级功率的蓝牙设备发射功率为 1 mW（0 dB）。

3.3.2 链路（基带）控制单元

读一读

蓝牙基带在协议堆栈中的位置如图 3 – 9 所示。当蓝牙设备发送数据时，基带部分将来自高层协议的数据进行信道编码，向下传给射频单元进行发送；接收数据时，射频单元对数据进行解调并上传给基带，基带再对数据进行信道解码，向高层传输。

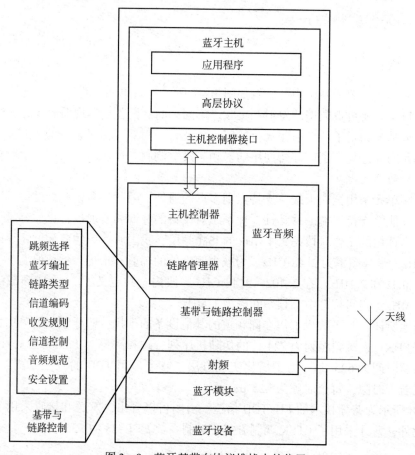

图 3 - 9　蓝牙基带在协议堆栈中的位置

　　具体来说，蓝牙链路（基带）控制单元主要完成的任务包括对基带数据的处理和对链路的控制。

　　①蓝牙系统在空中传输的数据是以数据分组的形式传输的，因此，需要将要发送的数据进行封装之后再发送给其他的蓝牙设备或者将接收到的数据分组解析后传输给本地蓝牙主机。蓝牙的基带数据处理环节正是根据蓝牙基带的工作信息来对数据进行帧包装的。

　　②链路控制环节主要是控制在蓝牙网络的建立过程中蓝牙基带所处的状态，包括待机（Standby）和连接（Connection）2 个主状态，以及寻呼（Page）、寻呼扫描（Page Scan）、查询（Inquiry）、查询扫描（Inquiry Scan）、主设备响应（Master Response）、从设备响应（Slave Response）和查询响应（Inquiry Response）7 个子状态。

1. 蓝牙编址

　　每个计算机网络适配器（Network Interface Card，NIC）都由 IEEE 802 标准指定唯一的媒体访问控制（Media Access Control，MAC）地址，用于区别网络上数据的源端和目的端。与此相类似，由于蓝牙的基本出发点是使其设备能够在全球范围内应用于任意的小范围通信，因此，任一蓝牙收发器都被唯一地分配了遵循 IEEE 802 标准的 48 位蓝牙设备地址（Bluetooth Device Address，BD_ADDR），其格式见表 3 - 4。其中，LAP（Lower Address Part）是低地址部分，UAP（Upper Address Part）是高地址部分，NAP（Non-significant Address

Part）是无效地址部分。

表 3 – 4　蓝牙设备地址格式　　　　　　　　　　　　　　　　　MSB

制造商分配的产品编号						蓝牙特殊利益集团分配的制造商编号					
LAP（24 位）						UAP（8 位）		NAP（16 位）			
0000	0001	0000	0000	0000	0000	0001	0010	0111	1011	0011	0101

NAP = 0xACDE，UAP = 0x48，LAP = 0x000080。其中，NAP 和 UAP 共同构成了确知设备的机构唯一标识符，它是由蓝牙特殊利益集团的蓝牙地址管理机构分配给各个蓝牙设备制造商的。而 LAP 中放置的是各个蓝牙设备制造商给自己生产的产品添加的编号。通过计算可得，蓝牙设备的地址空间为 2^{32}（约 42.9 亿），这么大的数字保证了全世界所有蓝牙设备的 BD_ADDR 都是唯一的。

2. 链路类型

蓝牙设备之间物理层的数据连接通道称为蓝牙物理链路，共有两种类型：一种是同步面向连接链路（Synchronous Connection Oriented，SCO），一种是异步无连接链路（Asynchronous Connectionless，ACL）。SCO 主要用于对时间要求很高的数据通信，如语音等；而 ACL 主要用于对时间要求不敏感的数据通信，如文件数据或控制信令等。

SCO 是微微网中单一主设备单元和单一从设备单元之间的一种点对点、对称的同步数据交换链路。SCO 在主设备预留的 SCO 时隙内传输，因而其传输方式可以看作是电路交换（Circuit-Switched）方式，并且 SCO 分组不进行重传操作，一般用于像语音这样的实时性很强的数据传输。一个微微网中的主设备最多可以同时支持 3 条 SCO（这 3 条 SCO 可以与同一从设备建立，也可以与不同从设备建立）；一个从设备与同一主设备最多可以同时建立 3 条 SCO，或者与不同主设备建立 2 条 SCO。为了充分保证语音通信的质量，每一条 SCO 的传码率都是 64 Kb/s。

ACL 是微微网主设备和所有从设备之间的同步或异步数据分组交换链路。ACL 在主从设备间以分组交换（Packet-Switched）方式传输数据，既可以支持异步应用，也可以支持同步应用。一对主、从设备之间只能建立一条 ACL。ACL 通信的可靠性可以由分组重传来保证。由于是分组交换，在没有数据通信时，对应的 ACL 就保持静默。

3. 基带分组编码格式

在蓝牙数据传输过程中，数据均是以分组的形式进行传输的，每一个数据分组都按以下格式组成：接入码（Access Code）、分组头（Header）及有效载荷（Payload），如图 3 – 10 所示。

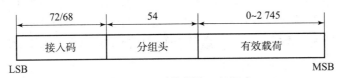

图 3 – 10　蓝牙数据的一般格式

在分组组成中，接入码是必不可少的，分组头和有效载荷根据实际需要设置。由图 3 – 10 可见，蓝牙数据分组的有效载荷可以在 0 ~ 2 745 b 范围内变化，而接入码和分组头的长度比较固定，其中接入码为 72 b（或 68 b），分组头为 54 b。具体地，若该分组中含有分组头，则接入码的长度为 72 b，否则，接入码的长度为 68 b。接入码主要用于数据传输时的同步、DC漂移的补偿及数据的识别，用于识别微微网信道上交换的所有数据分组。后面即将介绍的寻呼和查询过程中也会用到接入码，此时接入码本身即是一个有意义的信息，而数据分组中并没有分组头及有效载荷。分组头中则包含了激活从设备地址、分组类型、分组头错误校验等重要的链路信息。为了确保能纠正较多的错误，需要对其进行编码保护，具体的纠错方法将在"差错控制"部分介绍。

此外，在蓝牙协议中规定，基带分组编码遵循小端格式（Little Endian），如图3－11所示。最低有效位LSB（Least Significant Bit）写在最左边，最高有效位MSB（Most Significant Bit）写在最右边。射频电路最先发送LSB，最后发送MSB。基带控制器认为来自高层协议的第一位是b_0，射频发送的第一位也是b_0。各数据段（如分组头、有效载荷等）由基带协议负责生成，都是以LSB最先发送的。例如，二进制序列$b_2b_1b_0 = 011$中的"1"（b_0）首先发送，最后才是"0"（b_2）。

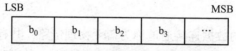

图3－11　蓝牙基带分组编码遵循的小端格式

4. 链路控制器状态

蓝牙链路控制器状态如图3－12所示。

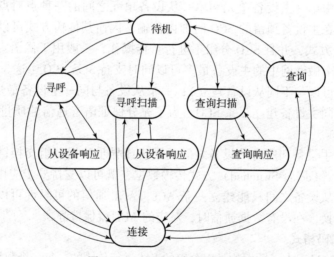

图3－12　蓝牙链路控制器状态

连接状态是指连接已经建立，数据分组可以双向传输的状态。在这种状态下，通信的主从双方都使用主设备时钟和跳频序列。处于连接状态的设备可以工作在激活（Active）模式、呼吸（Sniff）模式、保持（Hold）模式和休眠（Park）模式4种操作模式中的某一个模式。

在微微网建立之前，所有设备都处于待机状态。在该状态下，未连接的设备每隔1.28 s监听一次消息，设备一旦被唤醒，就在预先设定的跳频频率上监听信息。

连接进程由主设备初始化。如果一个设备的媒体访问控制地址（MAC）已知，就采用寻呼信息（Page message）建立连接；如果地址未知，就采用紧随寻呼信息的查询信息（Inquiry message）建立连接。查询信息主要用来查询地址未知的设备（如公用打印机、传真机等），它与寻呼信息类似，但需要附加一个周期来收集所有的应答。在初始寻呼状态（Page State），主设备在 16 个跳频频率上发送一串相同的寻呼信息给从设备，如果没有收到应答，主设备就在另外的 16 个跳频频率上发送寻呼信息。主设备到从设备的最大时延为两个唤醒周期（2.56 s），平均时延为半个唤醒周期（0.64 s）。

在微微网中，无数据传输的设备转入节能工作状态。主设备可将从设备设置为保持模式，此时，只有内部定时器工作；从设备也可以要求转入保持方式。设备由保持方式转出后，可以立即恢复数据传输。连接几个微微网或管理低功耗器件（如温度传感器）时，常使用保持方式。呼吸模式和休眠模式是另外两种低功耗工作方式。在呼吸模式下，从设备监听网络的时间间隔增大，其间隔大小视应用情况由编程确定；在休眠模式下，设备放弃了MAC 地址，仅偶尔监听网络同步信息和检查广播信息。各节能方式依电源效率高低排列为：休眠模式→保持模式→呼吸模式。

5. 差错控制

通信系统的可靠性与有效性是衡量其性能优劣的重要指标，然而，信号在传输过程中，不可避免地会产生幅度的衰减、波形的失真，特别是在各种自然或者人为干扰较大的环境中，当信号到达终端时，往往会产生差错，称为误码现象。如何降低误码率以提高数据传输的可靠性，通常有两种方法：一是通过选择合适的传输路线或改进数据传输路线特性等方法降低通信信道引起的误码率；二是在传输控制器中加入差错控制。以下将对第二种方法加以介绍。

蓝牙基带控制器共采用 3 种纠错方式，分别是 1/3 前向纠错编码（FEC）、2/3 前向纠错编码及自动请求重传（ARQ）。

①1/3 FEC 的编码方法是每位重复 3 次进行编码，编码序列长度是原始序列长度的 3 倍，具体编码格式如图 3 – 13 所示。

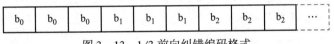

图 3 – 13　1/3 前向纠错编码格式

②2/3 FEC 为将原始序列经过一种多项式编码运算，得到的结果序列长度是原始序列长度的 1.5 倍，接收方进行相应的逆运算，经过算法提供的检错与纠错机制恢复原始序列。

③自动请求重传是发送方在收到接收方的确认信息之前，要不停地重传某一分组，确认信息包含在返回分组的分组头内部，所以也称其为捎带技术（Piggy-back）。

采用 FEC 编码方式的目的在于减少数据重发次数，但若在传输条件比较好的情况下，差错产生的概率较小，FEC 方式产生的无用检验位则会降低数据吞吐量，因此，业务数据是否采用 FEC，还将视需要而定。由于分组报头含有重要的连接信息和纠错信息，故而始终采用 1/3 FEC 方式进行保护性传输。无编号 ARQ 方式应用于在数据发送后的下一时隙就给出确认的数据传输，返回 ACK 意味着头信息校验及循环冗余校验都正确，否则，将返回NACK。

6. 认证和加密

与无线局域网类似，蓝牙技术尽管可以为用户免去连接线的烦恼，提供一个不受线缆限制而能随时随地进行数据及语音通信的环境，但同时由于无线通信是在开放的环境中进行的，因此所传输的数据往往容易被其他设备侦听和截取，且容易受到干扰和攻击，为此，需要进行认证和加密。

蓝牙系统对其信任设备的访问实行自动接收，而对不信任设备的访问则需通过认证过程来确定对方的身份。蓝牙设备通信认证过程如图 3 – 14 所示，其中，BD_ADDR 为蓝牙设备地址；RAND 是由蓝牙芯片的随机数发生器生成的随机数，长度为 128 B；K 为链路密钥，它可以是临时的，也可以是半永久性的。认证时，认证设备 A 生成随机数 RANDA 并将其发送给被认证设备 B，同时，设备 A 和 B 将各自计算 ACO 和 SRES（SRES′），设备 B 将自己的 SRES 发送给设备 A，以便与其自身计算结果 SRES′ 比较，若两者不等，则认证失败；反之，则认证成功。此时，ACO 会被认证双方保留，将来生成加密密钥。

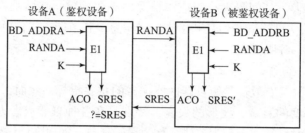

图 3 – 14　蓝牙设备通信认证过程

蓝牙系统采用 E0 流密码加密技术，该算法由 3 个步骤组成：第一步为执行初始化，生成有效载荷密钥；第二步为生成密钥流比特；第三步为完成加密和解密。加密过程就是将加密数据流与密钥流进行异或运算，该步骤发生在循环冗余校验之后，前向纠错编码之前，针对数据分组的有效载荷进行加密保护，而接入码和分组头不加密。解密过程则是将密文与同样的密钥流再进行一次异或运算即可得到明文。具体的流加密系统如图 3 – 15 所示。

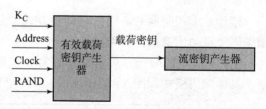

图 3 – 15　流加密系统

看一看

蓝牙基带控制单元的关键技术

3.3.3　链路管理单元

蓝牙链路层位于基带层之上，其功能主要由链路管理器实现。因此，蓝牙链路管理单元主要负责完成设备功率管理、链路质量管理、链路控制管理、数据分组管理和链路安全管理 5 个方面的任务。蓝牙设备用户通过链路管理器可以对本地或远端蓝牙设备的链路情况进行设置和控制，实现对链路的管理。

蓝牙设备的链路管理器接收到高层的控制信息后，不是向自身的基带部分发送控制信息，就是与另一设备的链路管理器进行协商。这些控制信息封装在链路管理器协议数据单元中，链路管理器对蓝牙设备链路性能管理的实现过程为：设备 A 向设备 B 发送协商请求，设备 B 根据自身情况做出接受或者不接受的响应。

蓝牙设备可以根据接收信号强度指示判断链路的质量，从而请求对方调整发射功率。处于连接状态的设备则可以调节自己的功率模式以节省功耗。如果接收信号强度指示与蓝牙设备的设定值相差太大，可以请求另一方设备的发射功率增加或减少。功率调整请求可以在成功地完成一次基带寻呼过程后的任何时刻进行。

链路管理单元对 ACL 和 SCO 链路的质量管理是分别进行的。对于 ACL 链路，可以采用服务质量由主设备通知从设备或从设备请求新的服务质量的方法；对于 SCO 链路，主设备和从设备均可以请求改变 SCO 参数。

3.3.4　软件功能单元

蓝牙技术的目标就是要确保任何带有蓝牙标志的设备都能进行互操作，因此，蓝牙设备的互操作性显得尤为重要。不同的应用情境下，对于互操作性的要求也有所不同：对于某些设备，从无线电兼容模块和空中接口，直至应用层协议和对象交换格式，都要实现互操作性；而对于另外一些设备，例如头戴式设备等，该要求则宽松得多。软件的互操作性始于链路级协议的多路传输、设备和服务的发现，以及分组的分段和重组。蓝牙设备必须能够彼此识别，并通过安装合适的软件识别出彼此支持的高层功能。互操作性要求采用相同的应用层协议栈。

此外，不同类型的蓝牙设备对兼容性有不同的要求。所谓兼容性，是指该设备具有无线电兼容性，有话音收发能力及发现其他蓝牙设备的能力，更多的功能则要由手机、手持设备及笔记本电脑来完成。为了实现这些功能，蓝牙软件将利用现有的规范，如 OBEX、Card/vCalendar、HID（人性化接口设备）及 TCP/IP 等，而不是再去开发新的规范。设备的兼容性要求能够适应蓝牙规范和现有的协议。

蓝牙系统的软件结构将实现以下功能：配置及诊断、蓝牙设备的发现、电缆仿真、与外围设备的通信、音频通信及呼叫控制，以及交换名片和电话号码等。

看一看

蓝牙系统的组成

仿真训练 3：2FSK 调制仿真

1. 任务目标

①熟练掌握 Simulink 模型仿真设计方法。

②深入理解 2FSK 调制技术的工作原理。

2. 实现原理

以数字信号控制载波频率变化的调制方式，称为频移键控（FSK）。在 2FSK 中，载波的频率随二进制基带信号在 f_1 和 f_2 两个频率点间变化。故其表达式为：

$$e_{2FSK}(t) = \begin{cases} A\cos(\omega_1 t + \varphi_n), & \text{发送 "1" 时} \\ A\cos(\omega_2 t + \theta_n), & \text{发送 "0" 时} \end{cases} \quad\quad (3-1)$$

因此，2FSK 的典型波形如图 3–16 所示。

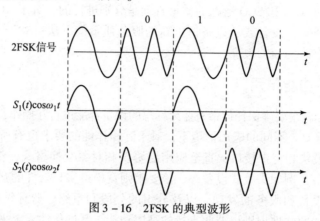

图 3 – 16 2FSK 的典型波形

2FSK 调制仿真电路如图 3 – 17 所示。可见，该系统主要由脉冲信号产生模块、正弦波发生模块、乘法器组成。

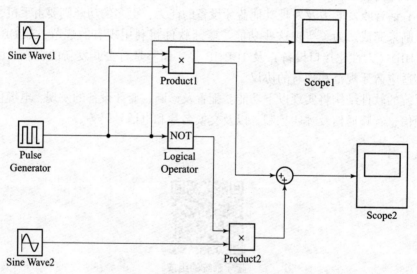

图 3 – 17 2FSK 调制仿真电路

3. 操作步骤

步骤 1：新建一个 Simulink 模型。按照图 3 – 17 组建 2FSK 调制仿真电路。其中，Pulse Generator 为码元信号产生模块，Sine Wave 为正弦波产生模块，Product 为乘法器。

步骤 2：设置各模块参数。

①Pulse Generator：Amplitude 代表脉冲的幅值；Period 代表周期，即一个完整波的长度；Pulse width 代表脉冲宽度，表示高电平在这个周期里占的比重；Phase delay 代表初始相位偏

离原点的距离。图 3 – 18 列出了其主要参数设置。

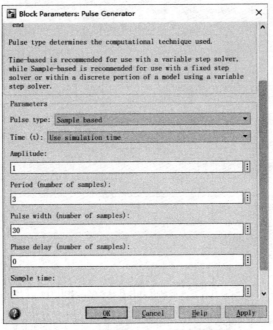

图 3 – 18　Pulse Generator 的参数设置

②Sine Wave：图 3 – 19 所示为正弦波发生器的参数设置，其中 Sine Wave2 的频率是 Sine Wave1 的 3 倍。

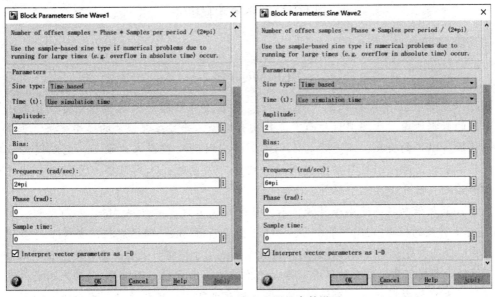

图 3 – 19　正弦波发生器的参数设置

③其余模块采用系统的缺省设置。

步骤 3：运行程序，观察信号波形。2FSK 调制信号波形如图 3 – 20 所示，其中，图 3 – 20（a）为码元信号，图 3 – 20（b）为经调制后的信号波形。

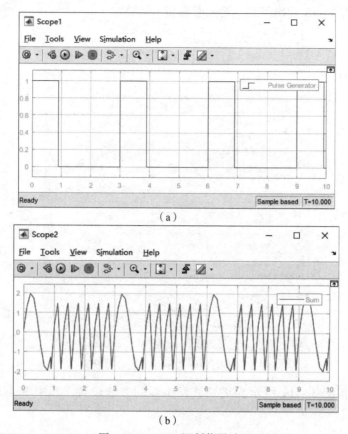

（a）

（b）

图 3-20　2FSK 调制信号波形

 知识拓展

BLE Mesh 技术

2013 年 7 月，蓝牙技术联盟（SIG）发布了蓝牙 4.0 版本，低功耗蓝牙（BLE）诞生了。BLE 的数据速率对于经典蓝牙而言，并没有优势，并且经典蓝牙的速率更快，但是 BLE 的功耗极低。BLE 的提出，正是因为人们看到了当时的一些嵌入式设备、电脑周边设备等低功耗的需求，因此，BLE 目前主要用于一些电池供电的嵌入式设备，常见的有蓝牙遥控器、心率监测、蓝牙手表、手环等。

基于 BLE 的低功耗高速率等特性，不少蓝牙厂商开发了自组网 Mesh 私有协议，对 BLE Mesh 进行了有益的探索。2017 年 6 月，SIG 推出了蓝牙 Mesh 网络规范，支持多对多设备传输，并特别提高构建大范围网络覆盖的通信效能，适用于楼宇自动化、无线传感器网络等需要数以万计的设备在可靠、安全的环境下传输的物联网解决方案。BLE Mesh 的应用场景在于楼宇自动化、无线传感器网络、市场资产跟踪，具有可靠性、可扩展性、安全性，能同时支持上千个 Mesh 节点进行低延时有效运作。2016 年 12 月，SIG 推出了最新版本的蓝牙技术核心规范——蓝牙 5，进一步提速降耗，让人们看到了蓝牙的发展潜力。另外，当前智能手机对蓝牙 4.0 功能的应用如此普遍，解决了控制端成本的问题，无须购置另外的控制节点，在 Mesh 网络的任何地方均能实现安全接入，这无疑是 BLE Mesh 一个非常独特的优势。

BLE Mesh 的目标是可信安全的网络、全部的互通操作性、成熟的生态、满足工业级别的应用、支持大规模节点数量的组网。BLE Mesh 的工作方式是"managed flood"，即有管理的泛洪消息传播。泛洪的方式使消息的传播非常可靠，易于扩展，并且性能满足商业与工业市场。

根据 ABI 调查预期，2021 年将会有 48 亿的联网设备，其中 1/3 将是蓝牙设备。SIG 期望 Mesh 能在商业照明和工厂应用中产生大的影响，并且能够成为 IoT 生态的一种普遍使用的技术。

当然，目前而言，Mesh 还只是刚刚起步。Mesh 主要需要解决的应用场景的特点是：
①大范围的覆盖能力；
②很强的互操作性；
③对大规模节点设备的监测与控制能力；
④尽可能优化的低功耗能力；
⑤射频资源的有效利用，可扩展性强；
⑥与目前的智能手机、平板、PC 产品兼容；
⑦工业标准级别、政府级别的安全性。

上述"大范围的覆盖能力"，是通过 Mesh 网络的 relay（中继）功能来实现的，即在 Mesh 网络中，消息可以被邻近的节点中继出去，这样经过多跳之后，消息再到达目标节点。因此，传输覆盖能力指的是在 Mesh 网络覆盖的范围内，通过其网络内部节点的中继去实现，同时，也可以解决进行点对点的 BLE 通信时，当遇到障碍物时，会通信不畅的问题。同时，relay 也引出了 Mesh 网络中消息以泛洪方式传播。只要 relay 节点收到消息，那么它就会将消息广播给其周围的节点。泛洪方式是不需要有中心节点去协调的（如 ZigBee 就有 router 和 coordinator），因此并不会选择最优路径去传播，而是消息可能通过许多条路径先后到达。于是，这同时也为泛洪的网络带来了问题，消息其实传输一次并成功即可，这种方式会有太多的冗余传输，造成能量的消耗和网络数据的阻塞。因此，有管理的泛洪消息传播也在一定程度上，针对以上的问题进行优化。首先就是 TTL 值，使消息最多能传播 TTL 跳；其次是 Heartbeat 消息，此消息包含了使网络了解其拓扑、使设备能将 TTL 设定为一个最优的值；最后是 Cache 消息，即设备上次中继过的同样的消息过来，会直接忽略。

"尽可能优化的低功耗能力"，是通过 Mesh 里面的 Low Power Node 来实现的。Low Power Node 不是单独存在的，而是需要搭配 Friend Node 存在的，形成"Friendship"关系。即 Low Power Node 是可以尽量低功耗地休眠的，但 Friend Node 是不能长时间休眠的，它需要帮 Low Power Node 去缓存一些信息。

"与目前的智能手机、平板、PC 产品兼容"这一点，其实是通过 BLE 的 GATT 来实现的，mesh 里面实现了一种 Proxy Node，可以将 GATT 数据转为广播数据，这样使原来的 BLE 设备能够和 Proxy Node 建立连接，然后通过 Proxy Node 去和 Mesh 网络沟通。

"工业标准级别、政府级别的安全性"是 Mesh 尤为注重的，比如重放攻击是通过 Sequence Number 来防范，中间人攻击是通过在关键步骤（Provision）使用非对称加密方式来防范，垃圾桶攻击是通过密钥更新来防范。

项目三习题

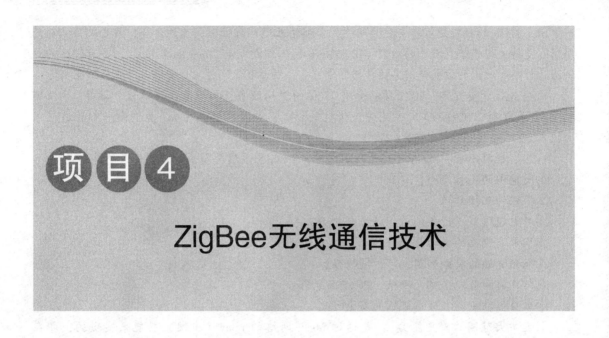

项目4

ZigBee无线通信技术

根据承载业务的不同，当今的移动通信网络大致可以分为两类：一种是以话音业务为主的通信网，这类网络的典型代表是蜂窝移动通信网，蜂窝移动通信业务主要面向高速移动的用户，到目前为止，共经历了1G、2G、2.5G、3G、4G、5G等发展阶段，它的特点是所采用的技术比较复杂，成本较高；另一种是以计算机数据通信为主的网络，前面章节中所介绍的无线个域网、无线局域网及无线城域网均属于这类网络。以计算机数据通信为主的业务主要面向不需要高速移动的用户，多采用免牌照、低成本技术。本项目将介绍以计算机数据通信为主的ZigBee技术。

模块 4.1　初识 ZigBee 技术

4.1.1　ZigBee 技术概述

读一读

2005 年国际电信联盟（ITU）发布了一份物联网（Internet of things）的研究报告，此后，各国都开始进行物联网领域的深入研究。

所谓物联网，是指通过信息传感设备，按照约定的协议，把任何物品与互联网连接起来，进行信息交换和通信，以实现智能化识别、定位、跟踪、监控和管理的一种网络。要实现这一网络，不仅需要移动通信网、互联网等广域范围内的通信网络，还需要将采集到的信息进行短距离传输和汇聚的网络。可喜的是，此时中国的 3G 网络已经商用近 2 年了，具有成熟的技术和良好的通信能力，因此，以 ZigBee 技术为代表的无线传感器网络就成为把 3G 和物联网应用结合起来的纽带。

1. ZigBee 技术的产生

ZigBee 技术是一种新兴的近距离、低复杂度、低功耗、低数据传输速率及低成本的无线通信技术，它的通信距离介于无线射频识别技术（RFID）和蓝牙技术（Bluetooth）之间。ZigBee 技术过去曾被称为"HomeRF Lite""RF-EasyLink"或"FireFly"，目前统一称为 ZigBee 技术，中文译名通常称为紫蜂技术。

从"ZigBee"这个名词的字面意义来看，它是由"Zig"和"Bee"两部分组成的。其中，"Zig"取自英文单词"zigzag"，意思是走"之"字形；"Bee"是蜜蜂的英文表示，因此，"ZigBee"就是"跳着'之'字形舞的蜜蜂"。与蜜蜂通过跳之字形状的舞蹈来通知同伴所发现的新食物源的位置、距离和方向等信息类似，通过这项技术则组成了一种低功耗、低成本、低传输速率的无线通信网络，从而实现了在近距离的设备之间互传信息。蜂群与 ZigBee 网络之间的对应关系为：每个蜜蜂相当于一个 ZigBee 节点；蜂群相当于整个 ZigBee 网络；Zigzag 舞相当于 ZigBee 节点间的通信；蜂群中的蜂后相当于 ZigBee 网络中唯一的协调器节点。

早在 20 世纪末，人们就开始考虑发展一种新的通信技术，用于传感控制，后来在 IEEE 802.15 工作组中将这一想法提出来，于是成立了 TG4 工作组，并且制定了规范 IEEE 802.15.4。但是 IEEE 802.15.4 只专注于物理层和数据链路层，要达到产品的互操作和兼容，还需要定义高层的规范，于是 2002 年 ZigBee 联盟（ZigBee Alliance）成立，正式有了"ZigBee"这个名词。

ZigBee 联盟是各公司共同组成的联盟，目的是为可靠、低价、低功耗无线联网的监控产品建立一个开放的全球性标准，从而实现不同厂商制造的设备之间相互对话。ZigBee 联盟的标志如图 4-1 所示。到目前为止，除了 Invensys、三菱电子、摩托罗拉、三星和飞利浦等国际知名的大公司外，ZigBee 联盟大约已有百余家成员企业，并且在迅速发展壮大。这其中涵盖了半导体生产商、IP 服务提供商、消费类电子厂商及 OEM 商等，所有这些公司都参加了负责开发 ZigBee 物理和媒体控制层技术标准的 IEEE 802.15.4 工作组。

图 4-1　ZigBee 联盟的标志

2. ZigBee 芯片介绍

目前国内市场上工作在 2.4 GHz 的 ZigBee 芯片供应商主要有 TI/CHIPCON、EMBER（ST）、JENNIC（捷力）、FREESCALE、MICROCHIP 等几家。其中，CC253x 系列芯片解决方案适合大范围的应用，并且基于标准协议 IEEE 802.15.4 工作，因此，无论是从微处理器性能、ZigBee 协议栈、ZigBee 芯片的最终成本、开发工具的方便性还是开发工具的性价比等方面考虑，都成为人们的首选。

CC253x 系列器件具有不同的构造模块，大致可分为 3 类模块：CPU 和相关存储器模块，外设、时钟和电源管理模块，以及无线模块。

CPU 和相关存储器模块：CC253x 系列芯片中使用的 8051CPU 核心是一个单周期的 8051兼容核心，它有 3 个不同的存储器访问总线，分别为特殊功能寄存器 SFR、数据 DATA 和代码/外部数据 CORE/XDATA。此外，它还包含一个调试接口和扩展的 18 路输入中断单元。

外设、时钟和电源管理模块：数字内核和外部设备由一个 1.8 V 低差稳压器供电，它提供了电源管理功能，可以实现使用不同的功耗模式来实现低功耗运行，从而延长电池寿命。

无线模块：CC253x 具有一个 IEEE 802.15.4 标准的无线收发器，利用 RF 核心控制模拟无线模块。另外，它为 MCU 和无线之间提供了一个接口，从而可以发送命令、读取状态、自动操作和对无线事件进行排序。无线部分还包括一个数据包过滤和地址识别模块。

看一看

ZigBee 技术基本概念

4.1.2 ZigBee 技术的特点

读一读

与其他无线通信技术相比，ZigBee 无线通信标准具有体积小、成本低、功耗低、复杂性低、对资源要求少、放置灵活、扩展方便、安全可靠等特点，具体描述如下。

1. 功耗低

由于无线传感器网络中通常将传感器置于人们很难接近的地方，例如用于地下探测的无线传感器网络，以至于不能频繁地更换通信设备的电池或者对其进行直接充电，故而对于无线传感器网络而言，其通信设备的低功耗特性显得尤为重要。由于 ZigBee 的传输速率低（不超过 250 Kb/s），发射功率很小（仅为 1 mW），传输数据量很少，并且 ZigBee 设备只有激活和休眠两种状态，电池设备可以进入休眠状态几分钟甚至几小时，再加上 ZigBee 网络的工作周期很短，因此，ZigBee 设备非常省电。两节五号电池可支持长达 6 个月到 2 年的使用时间。

2. 可靠性高

ZigBee 为需要固定带宽的通信业务预留了专用时隙，同时，在媒体接入控制层（MAC 层）采用了碰撞避免机制，可以避免发送数据时的竞争和冲突。此外，MAC 层采用了完全确认的数据传输模式，当有数据传送需求时，则立即传送，但每个发送的数据包都必须等待接收方的确认信息。如果传输过程中出现问题，可以进行重发。采用这种方法可以提高系统信息传输的可靠性。

3. 网络容量大

ZigBee 低速率、低功耗及近距离传输的特点使它非常适宜支持简单器件。一个 ZigBee 的网络最多可以容纳 255 个网络节点，其中一个是主设备（Master），其余均为从设备（Slave）。若是通过网络协调器，整个网络可以包含超过 65 535 个 ZigBee 网络节点。因此，

ZigBee 技术通常被视为一种可以构建由多达数万个无线数传模块组成的无线数传网络平台，十分类似于现有的移动通信的 CDMA 网或 GSM 网，而每一个 ZigBee 网络数传模块则类似于移动网络中的一个基站。与移动通信网络不同的是，ZigBee 网络主要是为自动化控制数据传输建立的，而移动通信网络主要是为语音通信建立的，故而每个移动基站价值一般都在百万元人民币以上，而每个 ZigBee 基站却不到 1 000 元人民币。

4. 时延短

ZigBee 针对时延敏感的应用做了优化，通信时延和从休眠状态激活的时延都非常短，通常都在 15～30 ms 之间。典型的搜索设备时延为 30 ms，休眠激活的时延是 15 ms，活动设备信道接入的时延为 15 ms。因此，ZigBee 技术适用于对时延要求苛刻的无线控制应用。

5. 成本低

由于 ZigBee 数据传输速率低、协议简单、所需要的存储空间小且 ZigBee 协议免收专利费等因素，使其成本得以降低。ZigBee 模块的初始成本估计在 6 美元左右，很快就降到 1.5～2.5 美元，采用 ZigBee 技术产品的成本一般为同类产品的几分之一甚至 1/10。

6. 兼容性

ZigBee 技术与现有的控制网络标准无缝集成，通过网络协调器自动建立网络，采用载波侦听/冲突避免（CSMA/CA）方式进行信道接入。为了提高可靠性，还提供了全握手协议。

7. 安全性

ZigBee 提供了基于循环冗余校验（CRC）的数据包完整性检查功能，支持鉴权和认证，并且在数据传输中提供了三级安全性。第一级为无安全方式，对于某种应用，如果安全并不重要或者上层已经提供足够的安全保护，器件就可以选择这种方式传输数据。若采用第二级安全级别，则器件可以使用接入控制清单（ACL）来防止非法器件获取数据，这一级也不采取加密措施。第三级安全级别最高，它在数据传输过程中采用了 AES-128 的加密算法，可以用来保护数据净荷和防止攻击者冒充合法器件。

8. 工作频段灵活

ZigBee 设备通信时所使用的频段分别为 2.4 GHz（全球范围内适用）、868 MHz（欧洲）及 915 MHz（美国），并且上述 3 个频段均为免执照频段。

表 4-1 中为 ZigBee 技术与其他几种常见短距离无线通信技术之间参数的比较。通过比较不难发现，ZigBee 技术在网络容量、功耗及成本等方面具有明显的优势。

表 4-1　ZigBee 技术与其他几种常见短距离无线通信技术的比较

参数	Wi-Fi	蓝牙	ZigBee	IrDA
无线电频段	2.4 GHz 射频	2.4 GHz 射频	2.4 GHz/868 MHz/915 MHz 射频	980 nm 红外
传输速率	1～54 Mb/s	1～24 Mb/s	20～250 Kb/s	4～16 Mb/s
传输距离/m	100	10	10～75	定向1
网络节点	32	8	255/65 535	2
功耗	高	较低	最低	很低
芯片成本/美元	20	4	2	2 以下

ZigBee 技术的特点

模块 4.2　了解 ZigBee 协议栈

人们往往将 ZigBee 和 IEEE 802.15.4 等同起来，实际上，ZigBee 和 IEEE 802.15.4 的关系与 Wi-Fi 和 IEEE 802.11、蓝牙和 IEEE 802.15.1 之间的关系一样：ZigBee 可以看作是一个商标或是一种表示高层的技术，该技术完整、充分地利用了 IEEE 802.15.4 定义的功能强大的物理层和 MAC 层，并且在此基础上增加了逻辑网络和应用软件。

在网络中，为了完成通信，必须使用多层（例如物理层、MAC 层、网络层、应用层等）上的多种协议。这些协议按照层次顺序组合在一起，构成了协议栈（Protocol Stack）。以下将对 ZigBee 协议栈和 IEEE 802.15.4 标准进行介绍。

4.2.1　ZigBee 协议栈的含义

📖 读一读

协议栈是指网络中各层协议的总和，其实质是一套协议的规范。ZigBee 协议栈由一组子层构成，其体系结构如图 4-2 所示。协议栈构架包括物理层、媒体接入控制子层、网络/安全层、应用层，每层为其上一层提供一组特定的服务：数据实体提供了数据传输服务，管理实体提供了所有其他的服务。每个服务实体通过一个服务接入点（SAP）为上层提供一个接口，每个 SAP 支持多种服务原语来实现要求的功能。

由图 4-2 可以看出，物理层和媒体接入控制子层规范均属于 IEEE 802.15.4 标准，而 IEEE 802.15.4 标准与网络/安全层、应用层一起，构成了 ZigBee 协议。

各层功能简述如下：

（1）物理层

该层定义了无线信道和 MAC 子层之间的接口，提供物理层数据服务和物理层管理服务，主要是在驱动程序的基础上，实现数据传输和管理。物理层数据服务从无线物理信道上收发数据，物理层管理服务包括信道能量监测（ED）、链接质量指示（LQI）、载波检测（CS）和空闲信道评估（CCA）等，维护一个由物理层相关数据组成的数据库。

（2）媒体接入控制（MAC）层

该层提供了 MAC 层数据服务和 MAC 层管理服务。前者保证 MAC 层协议数据单元在物理层数据服务中的正确收发，而后者从事 MAC 层的管理活动，并维护一个信息数据库。

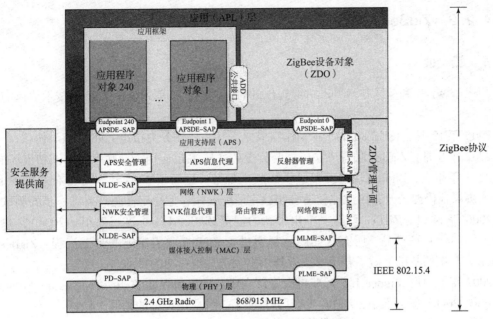

图 4 - 2　ZigBee 协议栈体系结构模型

（3）网络/安全层

该层负责设备加入和退出网络，申请安全结构，路由管理，在设备之间发现和维护路由，发现邻设备，储存邻设备信息。

（4）应用层

包括应用支持子层（APS）和 ZigBee 设备对象（ZDO）。其中 APS 负责维持绑定表、在绑定的设备之间传送消息；而 ZDO 定义设备在网络中的角色、发起和响应绑定请求、在网络设备之间建立安全机制。

数据在通信设备之间传输时，其传输过程均是由上层协议到底层协议，再由底层协议到上层协议。

相比于其他常见的无线通信标准，ZigBee 协议套件紧凑而简单，并且其实现的要求很低，以下是 ZigBee 协议套件的最低需求估计：

①硬件需要 8 位处理器，如 80C51。

②软件需要 32 KB 的 ROM，最小软件需要 4 KB 的 ROM，如 CC2430 芯片是具有 8051 内核、内存为 32 ～ 128 KB 的 ZigBee 无线单片机。

③网络主节点需要更多的 RAM 来容纳网络内所有节点的设备信息、数据包转发表、设备关联表及与安全有关的密钥存储等。

🔁 **看一看**

ZigBee 协议栈的含义

4.2.2　ZigBee 版本的演进

读一读

相比于 Wi-Fi 和蓝牙技术，ZigBee 提出的时间较晚。以下列出了 ZigBee 技术协议的演进历程：

2000 年 12 月，IEEE 802.15.4 工作组成立，其主要任务为指定 ZigBee 核心协议。

2002 年 8 月，ZigBee 联盟成立，主要负责 ZigBee 高层应用、互联互通测试和市场推广。

2004 年年底，ZigBee 联盟发布了 1.0 版本规范。之后于 2005 年 9 月公布并提供下载。由于该协议栈码源公开，因此比较适合实验室研究使用，但稳定性还需要进一步的测试。

2006 年 11 月，ZigBee 联盟又推出了新的规范 ZigBee 1.1 标准（ZigBee 2006），并公布了首批 ZigBee 认证产品，所有认证产品都通过了 ZigBee 联盟制定的测试流程。ZigBee 1.1 在 ZigBee 1.0 的基础上做了若干修改，却依然无法达到最初的目的。

2007 年 10 月，ZigBee 1.1 标准再次修订完成，推出新标准 ZigBee Pro Feature Set（简称为 ZigBee Pro）。新标准中，ZigBee 联盟更专注于 3 种应用类型的拓展，包括：

①家庭自动化（Home Automation，HA）。

②建筑/商业大楼自动化（Building Automation，BA）。

③先进抄表基础建设（Advanced Meter Infrastructure，AMI）。

看一看

ZigBee 版本的演进

4.2.3　ZigBee 物理层

读一读

无线电频段是非常宝贵的资源，它在使用过程中需要政府进行监管，否则可能出现无序使用，影响正常通信等情况。而 ISM 频段更是一种免许可证的无须付费的频段，因此，为了保证运行在该频段的通信系统能正常工作，在这些频段发射的信号需要受到法规的一定限制。例如，各种不同的通信系统必须在规定的频段上进行数据的传输；各种技术的发射功率也受到严格的限制，其最大发射功率应该遵守不同国家所制定的规范。上述无论是对无线信道的划分还是对无线电参数的设定，都是由物理层完成的。

物理层是整个协议栈最底层的部分，该层主要完成基带数据处理、物理信号的接收和发送及无线电规格参数（包括功率谱密度、符号速率、接收机灵敏度、接收机干扰抑制、转换时间、调制误差等）设置等基本功能。以下将从信道的划分、ZigBee 物理层帧结构、基带数据处理规定 3 个方面对物理层基带数据处理功能加以介绍。

1. 信道的划分

ZigBee 的通信频率由物理层来规范。IEEE 802.15.4 一共定义了 3 种物理层信道，分别工作在 868 MHz（868～868.6 MHz）、915 MHz（902～928 MHz）、2.4 GHz（2.4～2.483 5 GHz），这些频段被称为 ISM（工业、科学、医疗）频段。在这 3 个频段中，总共分配了 27 条具有 3 种速率的信道：

① 2.4 GHz 频段共分配了 16 条信道，其数据传输速率为 250 Kb/s。

② 915 MHz 频段共分配了 10 条信道，数据传输速率可达 40 Kb/s。

③ 868 MHz 频段有 1 条传输速率为 20 Kb/s 的信道。

具体的无线信道分配由表 4-2 确定。这些信道的中心频率定义如下：

$$f_c = 868.3 \text{ MHz} \qquad (k=0) \tag{4-1}$$

$$f_c = 906 + 2(k-1) \text{ MHz} \qquad (k=1, 2, \cdots, 10) \tag{4-2}$$

$$f_c = 2\ 405 + 5(k-11) \text{ MHz} \qquad (k=11, 12, \cdots, 26) \tag{4-3}$$

其中，k 是信道编号。频率和信道如图 4-3 所示。

表 4-2 ZigBee 无线信道的划分

频带	使用范围	数据传输率/$(Kb \cdot s^{-1})$	信道数
2.4 GHz	全世界	250	16
868 MHz	欧洲	20	1
915 MHz	美国	40	10

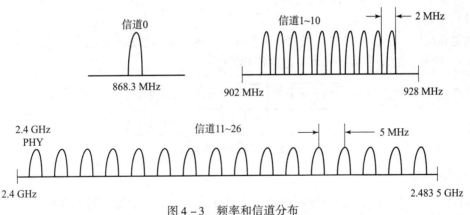

图 4-3 频率和信道分布

一个符合 IEEE 802.15.4 标准的设备可以根据 ISM 频段可用性、拥挤状况和数据速率在 27 条信道中选择 1 条工作信道。从能量和成本效率来看，不同的数据速率能为不同的应用提供较好的选择。例如，对于有些计算机外围设备与互动式玩具，可能需要 250 Kb/s 的速率，而对于其他许多应用，如各种传感器、智能标记和家用电器等，20 Kb/s 的低速率就能满足要求。

需要注意的是，各个国家对于包括免许可频段在内的频段使用规定一般各不相同，所以，一个国家的免许可频段在另一个国家可能是不允许免许可使用的。如 868 MHz 主要适用于欧洲，915 MHz 主要适用于美国、加拿大，2.4 GHz 则在很多国家和地区，包括中国、日本、韩国、北美等几乎全世界的国家都可以免许可使用。

2. ZigBee 物理层帧结构

物理层帧即为物理层协议数据单元（PPDU），在物理层帧的传输过程中，最左边的字段优先发送和接收。与蓝牙的物理层相同，在多个字节的字段中，优先发送或接收最低有效字节，而在每一个字节中优先发送最低有效位（LSB）。

如图 4-4 所示，每个 PPDU 数据包都由 3 个基本部分组成：

①同步包头 SHR：SHR 允许接收设备锁定在比特流上，并且与该比特流保持同步。

②物理层包头 PHR：PHR 中包含了帧长度的信息。

③物理层净荷：物理层净荷中的值为从 MAC 层传输下来的 MPDU（也称为 PSDU），它是长度可以变化的净荷，携带 MAC 层的帧信息。

4字节	1字节	1字节		变量
前同步码	帧定界符	帧长度 （7位）	预留位 （1位）	PSDU
同步包头		物理层包头		物理层净荷

图 4-4　ZigBee PPDU 数据包的格式

（1）前同步码

在 IEEE 802.15.4 标准协议中，前同步码共 32 位。收发信机就是根据前同步码引入的消息，来获取码同步和符号同步的信息。

（2）帧定界符

帧定界符由一个字节组成，用来说明前同步码的结束和数据包的开始。帧定界符的格式如图 4-5 所示，为一个给定的十六进制值 0xE7。

bit:	0	1	2	3	4	5	6	7
	1	1	1	0	0	1	0	1

图 4-5　帧定界符的格式

（3）帧长度

帧长度占 7 位，它的值是 PSDU（物理层服务数据单元）中包含的字节数（即净荷数）。

3. 基带数据处理规定

物理层帧形成之后，在发射端会进行基带处理。在 ZigBee 中，3 个射频频段分别采用了不同的基带处理方式。

（1）868 ~ 868.6 MHz

在该频段上仅仅有 1 个信道，编号为信道"0"，其中心频率为 868.3 MHz。该频段的发射基带处理过程可分为差分编码、比特到码片的变换和 BPSK 调制 3 个步骤。

①差分编码的方法是指每个原始比特与前一个已编码的比特进行模二加运算（或以相邻码元的极性改变表示信码 1，极性不变表示信码 0）。

②比特到码片的变换是指把比特"0"变换为包含15个码片的码片序列"111101011001000"（从左到右分别是码片0到码片14），而将比特"1"变换为取反的码片序列。这个变换实际也是一个直接序列扩频的过程，如果物理层帧数据比特的原始速率为20 Kb/s，则进行比特到码片变换后的码片速率为300 Kchip/s。

③在形成码片序列后，对码片序列进行BPSK调制，最终形成基带输出。

（2）902～928 MHz

该频段一共有10个信道，编号从信道"1"到信道"10"，信道k的中心频率为$[906 + 2(k-1)]$MHz。此频段发射基带的处理过程与868 MHz频段的完全相同，唯一不同的是物理层帧数据比特的原始速率为40 Kb/s，扩频后的码片速率为600 Kchip/s。

868 MHz和915 MHz频段发射基带处理过程如图4-6所示。

图4-6　868/915 MHz频段发射基带处理

（3）2.4～2.483 5 GHz

该频段一共有16个信道，编号从信道"11"到信道"26"，信道k的中心频率为$[2\,405 + 5(k-11)]$MHz，信道间隔为5 MHz。该频段发射基带的处理过程为差分编码、比特到符号的变换、O-QPSK调制3个步骤，如图4-7所示。其中差分编码过程与前两个频段的相同，以下对另外两个处理过程进行描述。

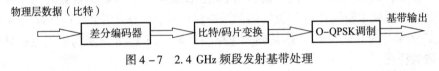

图4-7　2.4 GHz频段发射基带处理

①经过差分编码后的数据原始速率为250 Kb/s，现对其进行比特到符号的变换。具体的变换方法为每4个比特映射为1个符号，这样每个字节的低4比特和高4比特分别映射成1个符号，然后每个符号又进行符号到码片的变换，因此，每个符号对应一个32个码片的序列，符号/码片的映射见表4-3。例如符号"0"，即比特组"0000"，对应码片序列"11011001110000110101001000101110"，经过扩频因子为32的扩频后，码片速率变成2 Mchip/s。

表4-3　符号/码片映射

符号数据（十进制）	符号数据（二进制） （$b_0 b_1 b_2 b_3$）	PN序列 （$c_0 c_1 \cdots c_{30} c_{31}$）
0	0000	11011001110000110101001000101110
1	1000	11101101100111000011010100100010
2	0100	00101110110110011100001101010010
3	1100	00100010111011011001110000110101
4	0010	01010010000010111011011001110000

续表

符号数据（十进制）	符号数据（二进制） （$b_0b_1b_2b_3$）	PN 序列 （$c_0c_1\cdots c_{30}c_{31}$）
5	1010	00110101001000101110110110011100
6	0110	11000011010100100010111011011001
7	1110	10011100001101010010001011101101
8	0001	10001100100101100000011101111011
9	1001	10111000110010010110000001110111
10	0101	01111011000110010010110000000111
11	1101	01110111101110001100100101100000
12	0011	00000111011110111000110010010110
13	1011	01100000011101111011100011001001
14	0111	10010110000001110111101110001100
15	1111	11001001011000000111011110111000

②在形成码片序列后，对码片序列进行 O-QPSK 调制。具体的处理过程如图 4 – 7 所示。扩展后的码元序列通过采用半正弦脉冲形式的 O-QPSK 调制方法，将符号数据信号调制到载波信号上。其中，编码为偶数的码元调制到 I 相位的载波上，编码为奇数的码元调制到 Q 相位的载波上。为了使 I 相位和 Q 相位的码元调制存在偏移，Q 相位的码元相对于 I 相位的码元要延迟 T_c（单位为秒）发送，T_c 是码元速率的倒数。图 4 – 8 所示为半正弦脉冲形式的基带码元序列的样图。

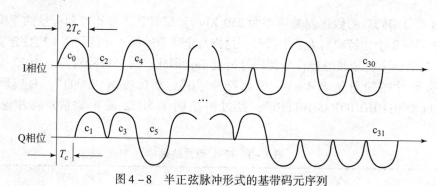

图 4 – 8　半正弦脉冲形式的基带码元序列

看一看

物理层的结构及工作原理

4.2.4 ZigBee MAC 层

🔍 读一读

介质接入控制子层（MAC 层）位于物理层之上，该层与 LLC 层（逻辑链路控制子层）一起，构成了数据链路层。其中，LLC 层在 IEEE 802.6 标准中定义，主要负责数据包的分段与重组；而 MAC 层协议则依赖于各自的物理层，与接入传输介质有关的内容都放在 MAC 层。MAC 层提供了信道接入（CSMA/CA 和 TDMA）、本地网络建立维护和同步、安全和可靠通信等功能，其中信道接入技术是其核心技术。以下主要从 MAC 层设备及地址表示、MAC 层帧结构、信道接入技术 3 个方面进行介绍。

1. MAC 层设备及地址表示

IEEE 802.15.4 分别从两个不同的角度对设备进行了分类。

（1）从实际物理实现角度分类

可分为全功能设备（Full Function Device，FFD）和缩减功能设备（Reduced Function Device，RFD）。

全功能设备功能比较齐全，而缩减功能设备功能很简单，只包括最基本的功能。在通信过程中，全功能设备之间、全功能设备和缩减功能设备之间均可以直接进行通信，而缩减功能设备之间不能直接通信，必须经过全功能设备中转。之所以要规定上述两种设备类型，主要是为了降低整个网络的成本。网络中对于设备功能的要求是有区别的：对于负责网络维护工作的设备，需要其有较强的功能，因此，必须选择全功能设备，如果这类设备在整个网络范围内都使用，无疑会增加整个网络的成本，而实际上很多设备并不需要那么强的功能，它们只需要实现最基本的功能，这样就能大大降低整个网络的成本。

（2）从网络逻辑的角度分类

可分为协调器、路由节点和设备终端。

协调器在整个网络当中是唯一的，它一般是建立网络的设备，功能最强大、成本最高；路由节点在整个网络当中可能有很多个，要承担路由发现、消息转发、通过连接别的节点来扩展网络的覆盖范围等功能，成本居中；设备终端则通过协调器或路由节点连接到网络，但不允许其他任何节点通过它加入网络，一般是最简单、成本最低的设备。协调器、路由节点及设备终端与前面介绍的全功能设备及缩减功能设备之间的对应关系有一些限定：缩减功能设备只能作为设备终端节点，而全功能设备可以作为 3 种设备当中的任意一种。

图 4-9 所示为由不同类型的设备所组成的个域网（PAN），其拓扑结构可能是星型拓扑结构或者是对等拓扑结构。在星形拓扑结构中，协调器作为唯一的中心控制节点，其他设备都只跟协调器进行直接通信；在对等拓扑结构中，除了缩减功能设备之外，其他设备之间均可以互相进行通信，不一定需要通过协调器进行通信。

MAC 地址是 MAC 层除了设备和拓扑之外的另一个重要概念，它是 MAC 层通信当中用于表示设备的标识，这个标识既用来表示发送数据的源节点，也表示接收数据的目的节点。ZigBee 的 MAC 层规定了两种地址：一种称为短地址，这是一个临时分配的地址，只有当设备加入网络中时，才会分配此地址，长度为 16 b；另一种是扩展地址，该地址一般是一个长期固定的地址，设备出厂的时候就已经固化，一直伴随设备直至它寿命结束都不会更改，扩展地址的长度是 64 b，又称为 IEEE 地址。

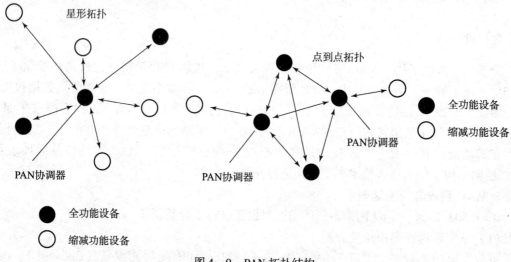

图 4-9 PAN 拓扑结构

除了地址之外，另一个重要的标识是个域网标识（PAN ID）。为了能够在不同的个域网之间进行通信，不同的个域网需要用不同的标识来定义。PAN ID 的长度也是 16 b。个域网标识中有一个特殊的值 0xffff，它表示设备没有加入网络，该值如果用于目的标识，则表示广播个域网标识。

2. MAC 层帧结构

MAC 层帧结构即 MAC 层协议数据单元，由以下几个基本部分组成：

①MAC 帧头。MAC 帧头中包括帧控制、序列号及地址信息。

②可变长度的 MAC 载荷。ZigBee 的 MAC 层帧包含不同的帧类型，各种类型的帧有不同的载荷，例如确认帧没有载荷。

③MAC 帧尾。MAC 帧尾包含一个帧校验序列（FCS）。

MAC 层帧具有其特定的格式，在设备的通信过程中，MAC 层的数据封装在物理层中发送，而接收到的物理层帧，经解封后会得到 MAC 层帧数据。数据在物理层中传输的顺序与图 4-10 序列相同，按照从左到右的顺序，先传输最左边的数据位，最后传输最右端的数据位。帧域中的位按 $0 \sim k-1$ 编号（0 为最低位，在最左端；$k-1$ 为最高位，在最右端），k 为域的位数。在传输多于 8 位的域时，由最低位到最高位传输字节。

2 B	1 B	0/2 B	0/2/8 B	0/2 B	0/2/8 B	可变	2 B
帧控制	序列号	目的个域网标识符	目的地址	源个域网标识符	源地址	帧载荷	FCS
		地址域					
MHR（MAC帧层头）						MAC 载荷	MFR

图 4-10 MAC 层帧格式

（1）帧控制域

帧控制域为 16 b，分别定义了帧的类型、地址子域和其他控制标识。其中帧类型子域为 3 b，其值及其所表示的类型见表 4 – 4。IEEE 802.15.4 的 MAC 子层定义了 4 种类型的帧：帧类型字段为 000 对应广播（信标）帧，001 字段对应数据帧，010 字段对应确认帧，011 字段对应 MAC 命令帧。不同类型的帧的帧头和 FCS 使用相同的格式，只在净荷部分有所区别。4 种帧类型结构如图 4 – 11 所示。

表 4 – 4　帧类型子域描述

帧类型 $b_2 b_1 b_0$	描述	帧类型 $b_2 b_1 b_0$	描述
000	信标帧（Beacon）	001	数据帧（Data）
010	确认帧（Acknowledgement）	011	MAC 命令（Command）
100 ~ 111	保留位（Reserved）		

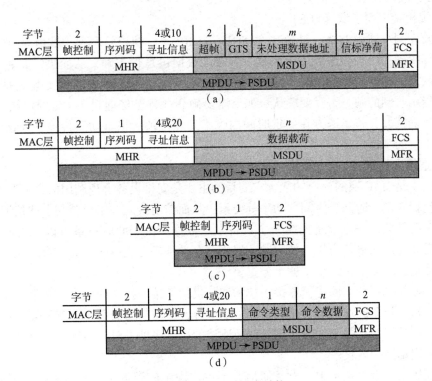

图 4 – 11　4 种帧类型结构

（a）信标帧结构；（b）数据帧结构；（c）确认帧结构；（d）命令帧结构

（2）序列号子域

MAC 层帧的序列号子域占 1 B，其内容为 MAC 层帧的唯一的序列标识符。

（3）目的个域网标识符子域

目的个域网标识符子域共有 16 b，描述了接收该帧信息的唯一一个域网的标识符。如前文所述，当个域网标识符值为 0xffff 时，则以广播方式传输，这时，对当前侦听该信道的所有个域网设备都有效，即在该通信信道上的所有个域网设备都能接收到该帧信息。

（4）目的地址子域

目的地址子域为 16 b 或 64 b，其长度由帧控制子域中目的地址模式子域的值限定，该地址为接收设备的地址。当该地址值为 0xffff 时，代表短的广播地址，此广播地址对所有当前侦听该通信信道的设备均有效。

（5）源个域网标识符子域

源个域网标识符子域为 16 b，代表帧发送方的个域网标识符。设备的个域网标识符在个域网建立时确定，若个域网中的个域网标识符发生冲突，可对它进行改变。

（6）源地址子域

源地址子域为 16 b 或者 64 b，它的长度由帧控制子域中的地址模式子域的值来决定，代表帧的发送方的设备地址。

（7）帧载荷子域

帧载荷子域长度是可变的，不同类型的帧包含不同的信息，但整个 MAC 帧的长度应该小于 127 B，其内容取决于帧类型。

（8）帧校验序列子域（FCS）

帧校验序列子域为 16 b，是 16 b 的 ITU - T CRC 码。帧校验序列子域由 MAC 层帧的载荷部分计算得到。帧校验序列用于接收方判断该数据包是否正确，从而决定是否采用 ARQ 进行差错恢复。广播帧和确认帧不需要接收方的确认。数据帧和 MAC 命令帧的帧头包含帧控制域，指示收到的帧是否需要确认，如果需要确认并且已经通过了 CRC 校验，则接收方将立即发送确认帧；若发送方在一定时间内收不到确认帧，将自动重传该帧。这就是 MAC 子层可靠传输的基本过程。

3. 信道接入技术

信道接入是 MAC 层的核心功能，它的目的主要是安排设备合理利用信道资源进行通信。信道资源包括频率、时间、空间、功率等要素，从而信道接入技术也就与上述信道资源的分享方式相关。若只是一个设备向另一个设备发送数据，由于此时设备可以独占所有信道资源，则不需要考虑太多信道接入的问题；但当多个设备进行通信时，为了合理安排每个设备占用的通信资源，信道接入技术就十分重要了。

信道接入技术可分为固定信道接入技术和随机信道接入技术两大类。其中，固定信道接入技术中，每个设备的通信都占用确定的信道资源，即使信道资源是动态分配的，但在某个时刻设备占用的资源却是固定的，例如前面所述的频分多址、时分多址、码分多址及空分多址，均为固定信道接入技术。

而在随机信道接入技术中，设备通信并不占用固定的资源，而是采用"竞争"的方式来安排不同设备对资源的使用。简单地说，就是哪个设备"抢"到信道资源，哪个设备就可以进行通信。为了避免其他设备在信道资源被占用的时候通信，造成冲突，通常采取一定的检测机制。发送方若有数据需要传输，首先需要检测信道是否被占据，如果信道被占据，就不再发送，等以后信道空闲的时候再尝试发送。随机接入信道技术中比较著名的是 ALOHA 技术。而在 IEEE 802.15.4 中，采用的随机接入技术是与无线局域网中相同的 CSMA/CA 机制。除了随机接入技术，IEEE 802.15.4 同时采用了固定的信道接入技术 TDMA。CSMA/CA 技术，简单来说，就是节点在发送数据之前先监听信道，如果信道空闲，则发送数据，否则，就要进行随机的退避，即延迟一段随机时间，然后再进行监听。这个退避的时间是指数增长的，但有一个最大值，即如果上一次退避之后再次监听到信道忙，则退避时间要增倍。这样做的原因是，如果多次监听到信道都忙，有可能表明信道上的数据量大，因此让节点等待更长的时间，避免频繁地监听。通过这种信道接入技术，所有节点竞争共享同一个信道。

4. 超帧

ZigBee 的 MAC 层中还规定了两种信道接入模式：一种是信标（Beacon）模式，另一种是非信标模式。信标模式中规定了一种"超帧"的格式。超帧是 MAC 层中一个非常重要的概念，它可以用来描述信道接入资源的总体结构。每个协调器有自己的超帧，它是一个周期性的时间结构，分为活跃期（Active）和非活跃期（Inactive）两大部分，如图 4-12 所示。在活跃期，协调器需要进行数据发送，或者打开接收机接收数据或者准备接收数据；而在非活跃期，协调器可以关闭收发机，以节省能量。

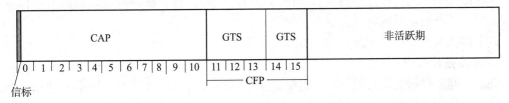

图 4-12 超帧的结构

图 4-12 所示的超帧结构中的活跃期包括信标（Beacon）、竞争接入时期（Contention Access Period，CAP）和非竞争接入时期（Contention Free Period，CFP）三部分。整个活跃期划分为 16 个大小相等的时隙，在时隙 0 的开头，也即超帧的开头，协调器开始发送信标帧。信标中包含了一些时序及网络的各种信息，用于新设备接入网络，并且由于它是周期性发送的，因此又可用于进行设备之间的同步；紧接着是竞争接入时期，在这段时间内，各节点以竞争方式接入信道；再后面是非竞争接入时期，节点采用时分复用的方式接入信道，这部分时间又称作 GTS；然后是非活跃期，节点进入休眠状态，等待下一个超帧周期的开始。

与信标模式相比，非信标模式则比较灵活，此模式下节点均以竞争方式接入信道，不需要周期性地发送信标帧。显然，在信标模式中，由于有了周期性的信标，整个网络的所有节点都能进行同步，但这种同步网络的规模不会很大。实际上，在 ZigBee 中用得更多的还是非信标模式。

🔁 **看一看**

介质接入控制子层的功能和结构

4.2.5 ZigBee 网络层

📖 **读一读**

网络层是 ZigBee 协议栈的核心，它负责向应用层提供正确的服务接口，同时对 IEEE 802.15.4 标准定义的 MAC 层进行正确的操作。网络层的具体任务主要包括：

①负责拓扑结构的建立和维护等服务。ZigBee 的网络层可以支持星形、树形、网状等多种拓扑结构。

②生成网络层协议数据单元（NPDU）。当网络层从应用层接收到应用层协议数据单元后，通过添加网络层帧头，可以生成网络层协议数据单元。

③实现网络管理功能。具体包括网络地址分配、网络建立、设备接入网络及设备离开网络等过程。

④路由机制。网络层能够将数据发送到适当的设备，这个设备或者是通信的目标设备，或者是朝着最终通信目标路径上的下一跳设备。

以下将从这几方面对 ZigBee 网络层进行介绍。

1. 网络拓扑结构

ZigBee 网络根据应用的需要可以组织成星形网络、树形网络和网状网络 3 种拓扑结构，这 3 种拓扑分别对应图 4-13~图 4-15。

（1）星形网络

星形网络拓扑结构如图 4-13 所示。可以看出，该网络由一个 ZigBee 协调器和多个终端设备组成，并且 ZigBee 协调器负责控制整个网络，终端设备之间的任何通信都需通过协调器转发。星形拓扑结构的优点和缺点都很明显。

优点：

①网络结构简单。

②由于网络中由协调器承担绝大多数管理工作，如发放证书和远距离网络管理等，因此，一般只有协调器采用持续电力系统供电，而其他设备采用电池供电，从而设备成本较低。

缺点：

①灵活性差。由于需要将每个终端设备放在协调器的通信范围内，因此，必然会限制无线网络的覆盖范围。

②通信过程中，信息将集中涌向协调器，因此容易造成网络阻塞、丢包、性能下降等情况。

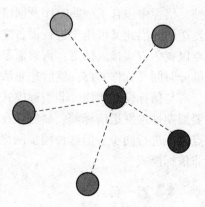

图 4-13　星形网络拓扑结构

③星形网络中，任何一个协调器发生故障，都将降低系统的可靠性。

（2）树形网络

树形网络是 ZigBee 中一种典型的网络拓扑结构，其拓扑结构如图 4-14 所示。它是由一个协调器、一个或多个路由器及多个终端设备连接而成。在 ZigBee 树形网络中，绝大多数设备是全功能设备，缩减功能设备只能作为终端节点设备连接到网络中。任意一个全功能设备都可以充当路由器或者 ZigBee 协调器，为其他设备提供同步信息。网络协调器可能和网络中其他设备一样，也可能拥有比其他设备更多的计算资源和能量资源。

通信过程中，网络协调器首先将自己设为簇头（Cluster Header），并将簇标识符设置为0，同时，为该簇选择一个未被使用的个域网标识符，形成网络中的第一个簇。接着，网络协调器开始广播信标帧，邻近设备收到信标帧后，可以申请加入该簇。设备可否成为簇成员，由网络协调器决定，如果其请求被允许，该设备将作为簇的子设备加入网络协调器的邻居列表。新加入的设备会将簇头作为它的父设备加入自己的邻居列表中。设备除了可以与自己的父节点或子节点进行点对点直接通信外，其他只能通过路由器或协调器完成消息传输。

以上仅讨论了一个由单簇构成的最简单的树形网络，此外，个域网络协调器还可以指定另一个设备成为邻接的新簇头，从而形成更多的簇。新簇头同样可以选择其他设备成为簇头，进一步扩大网络的覆盖范围，但是过多的簇头会增加簇间消息传递的时延和通信开销。为了减小时延和通信开销，簇头可以选择最远的通信设备作为相邻簇的簇头，这样可以最大限度地缩小不同簇间消息传递的跳数，达到减小时延和开销的目的。

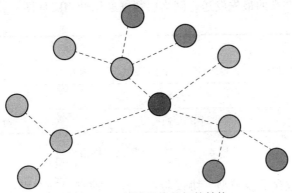

图4-14　树形网络的拓扑结构

（3）网状网络

网状网络的拓扑结构是在树形网络的拓扑结构的基础上实现的，此类网络具有更强大的功能，它允许网络中所有具有路由功能的节点直接互联，由路由器中的路由表配合实现消息的网状路由，如图4-15所示，因此，该拓扑结构可以组成极为复杂的网络，同时，还具备自组织、自愈功能。该拓扑结构的优点是减小了消息时延，增强了可靠性；缺点是需要更多的存储空间开销。

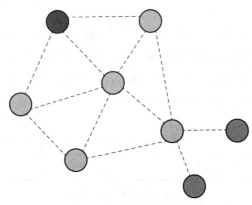

图4-15　网状网络的拓扑结构

综上所述，在网络层方面，ZigBee 可以采用星形、树形、网状拓扑，或者是三者之间的组合。网络层主要考虑采用基于 Ad – Hoc 技术的网络层协议，其应包含的功能如下：

①通用的网络层功能，拓扑结构的搭建和维护，命名和关联业务，包括寻址、路由和安全。

②与 IEEE 802.15.4 一样，非常省电。

③有自组织、自维护功能，以最大限度地减少用户的开支和维护成本。

2. 网络层帧格式

网络层帧（即网络协议数据单元 NPDU）的格式，主要由两部分组成：一部分是网络层帧报头，其中包含了帧控制、地址和序列信息；另一部分是可变长度的有效帧载荷，包含帧类型所指定的信息。

网络层帧是一种按指定顺序排列的序列。本节中所有的帧格式都按 MAC 层的传播顺序来描述，即从左到右，例如长度为 k b 的帧，按从 0 （最左为最低位）到 $k – 1$ （最右为最高位）进行编号，且最左端的最先发送。网络层数据通用帧格式如图 4 – 16 所示。

字节：2	2	2	0/1	0/1	可变长
帧控制	目的地址	源地址	广播半径域	广播序列号	帧载荷
	路由帧				
网络层帧报头					网络的有效载荷

图 4 – 16　通用的网络层帧格式

其中帧控制域中包含了帧类型、协议版本、路由搜索、安全操作等内容。在 ZigBee 网络协议中，定义了两种类型的网络层帧，分别是数据帧和命令帧。下面将对这两种帧类型进行讨论。

（1）数据帧的格式

数据帧的格式如图 4 – 17 所示。数据帧的网络层报头域由帧控制域和路由域组成。其中，路由域是根据需要适当组合得到的，数据帧的数据载荷域为应用层要求网络层传送的数据。

字节：2		可变长
帧控制	路由域	数据载荷
网络层帧报头		网络层载荷

图 4 – 17　网络层数据帧格式

（2）命令帧的格式

网络层命令帧的格式如图 4 – 18 所示。其中的网络层帧报头域结构与数据帧的帧报头域格式相同，而网络层命令标识符域表明所使用的网络层命令，其值为表 4 – 5 中所列的非保留值之一。网络层命令帧的网络层命令载荷域包含网络层命令本身。

字节：2		1	可变长
帧控制	路由域	网络层命令标识符	网络层命令载荷
网络层帧报头		网络层载荷	

图 4 – 18　网络层命令帧格式

表4-5 网络层命令帧

命令帧标识符	命令名称
0x01	路由请求
0x02	路由应答
0x03	路由错误
0x00, 0x04~0xFF	保留

3. 网络管理

利用 ZigBee 技术进行通信的过程，大致可以划分为建立网络、设备接入网络和设备离开网络 3 个阶段。下面将逐一对这 3 个实施过程进行描述。

（1）建立网络

若某一具有协调器功能的节点当前未加入任何网络，则它可以发起建立一个新的 ZigBee 网络的请求，该节点则成为 ZigBee 的协调器节点。建立网络后，ZigBee 协调器节点首先进行 IEEE 802.15.4 中定义的能量探测扫描和主动扫描，选择一个空闲信道或者连接网络最少的信道；而后确定自己的 16 b 个域网标识（PAN ID）、网络的 16 b 地址及网络的拓扑参数等，其中 PAN ID 是此网络在该信道中的唯一标识，它不应与此信道中其他网络的 PAN ID 产生冲突；在各项参数选定后，ZigBee 协调器便可以接受其他节点加入该网络。

（2）设备接入网络

如果某一个节点想要加入当前网络，便向该网络中的节点发送关联请求，收到关联请求的节点如果有能力接受子节点，即具有可利用的资源（如存储空间、能量等），则可以为此节点分配网络中唯一的 16 b 短地址，并发出关联应答；发起连接请求的节点在收到关联应答后则加入网络，并可以接受其他节点的关联请求；节点加入网络后，便将自己的 PAN ID 设为与 ZigBee 协调器相同。

节点加入网络的方式主要有孤儿方式、直接方式及关联方式 3 种。

孤儿方式：一般是子设备与原关联的父节点失去了正常通信，于是通过孤儿方式重新加入网络，再次与其父节点取得联系。

直接方式：即由父节点自动将子节点 IEEE 地址等信息记录到邻接表中，然后再由子设备通过孤儿方式申请加入网络。

关联方式：首先通过 Active 扫描，找出合适的父节点，然后再用关联方式加入网络。

（3）设备离开网络

当网络中的节点要离开网络时，如果此节点有一个或多个子节点，则在其离开网络之前首先要解除所有子节点与自己的关联；而后向父节点发送解除关联的请求，收到父节点的解除关联应答后，便可以成功离开网络。

4. 路由机制

路由算法是 ZigBee 网络层的核心功能，ZigBee 针对星形、树形和网状三种拓扑结构分别定义了星形网络路由机制、树形网络路由机制和网状网络路由机制。在星形网络路由机制下，只存在终端设备与协调器之间的通信，而终端设备之间的消息传送则需要通过协调器进行转发。在树状网络路由机制中，节点在转发消息时，通过计算与目标设备之间的地址关系，从而决定是向自己的父节点转发，还是向自己的某一子节点转发。而在网状网络路由机制下，需要通过路由发现来确定最佳路径，由路由表记录路径信息，最终实现消息在网络中的端到端之间传输。该路由算法的主要思想是按需路由和最短路径开销路由选择。为了达到低成本、低功耗、高可靠性的设计目标，ZigBee 网络中通常使用树路由（Cluster-Tree）和按需距离矢量路由（AODV）相结合的路由算法。

（1）Cluster-Tree 算法

Cluster-Tree 算法将整个网络看作一棵树，因为整个网络是由协调器建立的，因此协调器是树根，协调器的子节点可以是路由器或者末端节点，路由器的子节点也可以是路由器或者末端节点，而末端节点没有子节点，相当于树的叶子。

该算法的核心思想是使用深度、最大深度、最大子节点数和最大子路由器数 4 个参数来计算新节点的地址，于是寻址的时候根据地址就能计算出路径，而路由只有两个方向——向子节点发送或者向父节点发送。

树路由不需要路由表，可以节省存储资源，但缺点是很不灵活，浪费了大量的地址空间，并且路由效率低，因此常常作为最后的路由方法，或者干脆不用。

（2）AODVjr 算法

准确地讲，ZigBee 中所使用的 AODV 算法是一种简化版本的 AODV，即 AODVjr。这种算法非常适合低成本的无线自组织网络的路由计算，它适用于较大规模的网络，需要节点维护一个路由表，尽管这需要耗费一定的存储资源，但往往能达到最优的路由效率，并且使用灵活。

（3）ZigBee 网络中路由算法

在 ZigBee 路由中，通常将节点分为两类：RN + 和 RN − 。其中，RN + 是指具有足够的存储空间和能力可以执行 AODVjr 路由协议的节点；RN − 是指存储空间受限，不具有执行 AODVjr 路由协议能力的节点。RN − 节点在收到一个分组后，只能用 Cluster-Tree 算法处理；但 ZigBee 系统中却允许 RN + 节点使用 AODVjr 去发现一条最优路径，当 RN + 节点收到分组后，可以发起 AODVjr 中定义的路由发现过程，找到一条通往目的节点的最优路径。AODVjr 的使用减小了分组传输时延，提高了分组传递效率。

看一看

ZigBee 网络层

4.2.6 ZigBee 应用层

读一读

如前面所述，ZigBee 协议栈包括 IEEE 802.15.4 的物理层和 MAC 子层，并在此规范之上实现网络层和应用层。由图 4 − 2 容易看出，应用层（APL）是整个协议栈的最高层，包含应用支持层（Application Support，APS）、应用框架（Application Framework，AF）和 Zig-Bee 设备对象（ZigBee Device Object，ZDO）。

1. 应用支持层

应用支持层提供了网络层和应用层之间的一个接口，通过一组 ZDO 使制造商定义的应用对象都使用其常用服务。该服务通过两个实体提供：

①APS 数据实体，通过 APSDE 服务接入点（APSDE-SAP）在位于同一个网络的两个或多个应用实体之间提供数据传输服务。

②APS 管理实体，通过 APSME 服务接入点（APSME-SAP）为应用对象提供了多种服务，包括安全服务和绑定设备。它还维护管理对象的数据库，叫作 APS 信息库。

2. 应用框架

ZigBee 的应用框架为各个用户自定义的应用对象提供了模板式的活动空间，为每个应用对象提供了键值对服务和报文服务两种服务，供数据传输使用。它可以定义多达 240 个不同的应用对象，每个端口上的接口索引从 1 到 240，此外，为使用 APSDE 服务接入点定义了两个另外的端点：端点 0，保留给到 ZDO 的数据接口；端点 255，保留给到所有应用对象的广播数据接口。端点 241 ~ 254 保留，供今后使用。

3. ZigBee 设备对象

ZigBee 设备对象代表一个基础的函数类，提供应用对象、设备 Profile 和 APS 之间的一个接口。ZDO 位于应用框架和应用支持层之间，它满足了 ZigBee 协议栈所有应用程序操作的一般要求。ZDO 的主要职责如下：

①初始化应用支持子层、网络层和安全服务提供者。

②组装来自终端应用的配置信息，以决定并执行发现、安全管理、网络管理和绑定管理。

ZDO 通过应用对象，为设备控制和网络功能提供了应用框架的应用对象的公共接口。到 ZigBee 协议栈底层部分的 ZDO 接口，在端点 0，通过 APSDE-SAP 提供数据服务，并通过 APSDE-SAP 来控制信息。公共的接口在 ZigBee 协议栈的应用构架层内部，提供了设备的管理、发现、绑定及安全功能。

仿真训练 4：BPSK 调制仿真

1. 任务目标

①进一步掌握 Simulink 模型仿真设计方法。

②深入理解 BPSK 调制技术的工作原理。

2. 实现原理

调制是对信号源的信息进行处理并加到载波上，使其变为适合信道传输的形式的过程。若用连续变化的信号去调制一个高频正弦波，称为模拟调制；若用数字基带信号控制载波，称为数字调制。根据数字信号控制载波元素的不同，数字调制可分为振幅键控（数字信号控制载波振幅）、频率键控（数字信号控制载波频率）及相位键控（数字信号控制载波相位）。

BPSK（Binary Phase Shift Keying）即为二进制相移键控，以未调载波的相位作为基准相位，当码元为"1"时，调制后载波与未调载波同相；当码元为"0"时，调制后载波与未调载波反相。"1"和"0"调制后载波相位差180°。因此，BPSK信号的时域表达式为：

$$S_{\mathrm{BPSK}}(t)=\begin{cases}A\cos\omega_c t, & \text{发送"1"时}\\ -A\cos\omega_c t, & \text{发送"0"时}\end{cases} \qquad (4-4)$$

因此，BPSK的典型波形如图4-19所示。

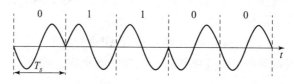

图4-19　BPSK的典型波形

BPSK调制仿真电路如图4-20所示。可见，该系统主要由码元信号产生模块、正弦波发生模块组成。

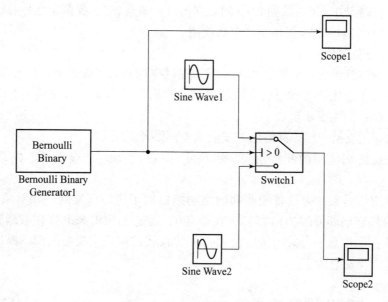

图4-20　BPSK仿真电路图

3. 操作步骤

步骤1：新建一个Simulink模型。按照图4-20组建BPSK调制仿真电路。其中，Bernoulli Binary Generator为码元信号产生模块，Sine Wave为正弦波产生模块。

步骤2：设置各模块参数。

①Bernoulli Binary Generator：该模块主要参数含义详见仿真训练2。图4-21列出了其主要参数设置。

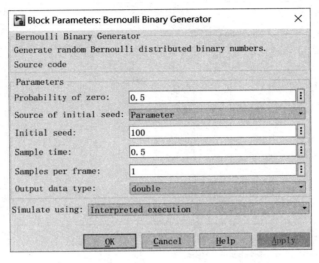

图4－21 Bernoulli Binary Generator 参数设置

②Sine Wave：图4－22所示为正弦波发生器的参数设置。

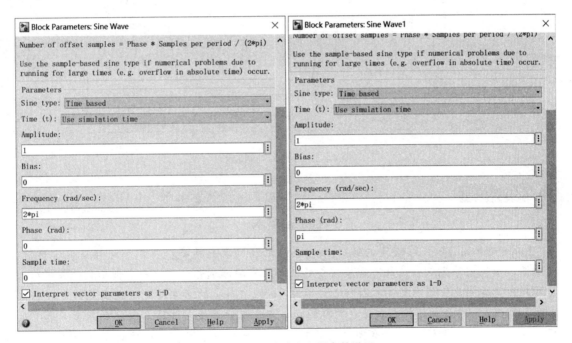

图4－22 正弦波发生器参数设置

③其余各模块均使用系统缺省设置。

步骤3：运行程序，观察信号波形。BPSK调制波形如图4－23所示，其中，图4－23（a）为码元信号波形，图4－23（b）为经调制后的信号波形。

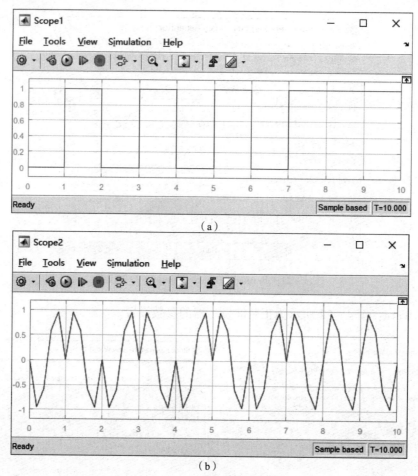

（a）

（b）

图 4-23　BPSK 调制波形

知识拓展

LoRa 技术

LoRa 是 Semtech 公司创建的低功耗局域网无线标准，具有覆盖广、连接多、速率低、成本低、功耗少等优点，是最有发展前景的低功耗广域网通信技术之一。低功耗一般很难覆盖远距离，远距离一般功耗高，往往无法两者兼顾。LoRa 的名字就是远距离无线电（Long Range Radio），它最大的特点就是在同样的功耗条件下比其他无线方式传播的距离更远，实现了低功耗和远距离的统一。在同样的功耗下，比传统的无线射频通信距离延长 3~5 倍，改变了以往关于传输距离与功耗的折中考虑方式，为用户提供一种简单的能实现远距离、长电池寿命、大容量的系统，进而扩展传感网络。

LoRa 网络的架设与蜂窝网络类似，很多 LoRa 的运营商都是蜂窝网络运营商，他们只是在原有蜂窝网络基站的基础上增加天线来提供 LoRa 网络服务。很多情况下，LoRa 天线和蜂窝网络天线共用，因为频率非常接近，所以 LoRa 有明显的成本优势。

LoRa 技术的特性如下：

①传输距离：城镇可达 2~5 km，郊区可达 15 km。

②工作频率：ISM 频段包括 433 MHz、868 MHz、915 MHz 等。

③标准：IEEE 802. 15. 4g。

④调制方式：基于扩频技术，是线性调制扩频（CSS）的一个变种，具有前向纠错（FEC）能力，Semtech 公司私有专利技术。

⑤容量：一个 LoRa 网关可以连接上千上万个 LoRa 节点。

⑥电池寿命：长达 10 年。

⑦安全：AES128 加密。

⑧传输速率：几百到几十千字节每秒，速率越小，传输距离越远。

LoRa 是一种特殊的无线扩频调制解调技术。它与其他调制方式如 FSK（频移键控）、GMSK（高斯最小频移键控）、BPSK（二进制相移键控）及其衍生物有着明显的对比。它结合了数字扩频、数字信号处理和前向纠错编码技术，具有前所未有的性能。在此之前，只有一些军事通信系统会集成这些技术。随着 LoRa 的引入，嵌入式无线通信领域的形势发生了根本性的变化。LoRa 调制解调器采用扩频通信技术和前向纠错技术，它融合了数字扩频、数字信号处理和前向纠错编码技术。扩频通信技术是一种信息传输方式，信号的带宽远远大于传输信息所需的最小带宽；频带的扩展由一个独立的码序列来完成，通过编码和调制来实现，独立于发送的信息数据；在接收端，相同的代码用于同步接收、解扩和恢复发送的信息数据；前向纠错编码技术是给待传输数据序列中增加了一些冗余信息，这样，数据传输进程中注入的错误码元在接收端就会被及时纠正。这一技术减少了以往创建"自修复"数据包来重发的需求，且在解决由多径衰落引发的突发性误码中表现良好。其特点有：第一是扩大了无线通信链路的覆盖范围（实现了远距离无线传输）；第二则是具有更强的抗干扰能力，对同信道 GMSK 干扰信号的抑制能力达到 20 dB。凭借这么强的抗干扰性，LoRa 调制系统不仅可以用于频谱使用率较高的频段，也可以用于混合通信网络，以便在网络中原有的调制方案失败时扩大覆盖范围。

项目四习题

项目 5

红外无线通信技术

模块 5.1　初识红外通信技术

人们对光通信的应用具有久远的历史。从古代的烽火报警，到近代军队的旗语，都是人们对光通信的简单应用；而现代的光纤通信，更是将光通信推向新的高度。光纤通信以其极高的通信速率得到了人们的广泛应用。任何通信系统追求的最终技术目标都是要可靠地实现最大可能的信息传输容量和传输距离，通信系统的传输容量取决于对载波调制的频带宽度，载波频率越高，频带宽度越宽。通信技术发展的历史，实际上是一个不断提高载波频率和增加传输容量的历史。光载波的频率在 10^{12} Hz 以上，因此，光纤通信受到了广泛的关注，广泛应用到军事和民用通信方面。在光纤作为有线通信传输平台广泛应用的同时，国内外也致力于无线光通信的研究，其研究主要有两个大的方向：一是自由空间光通信（Free Space Optical Communication），包括大气光通信、星地光通信、卫星间光通信；二是室内无线光通信。

自由空间光通信是指利用激光束作为载波在空间（陆地或外太空）直接进行语音、数据、图像信息双向传送的一种技术，又称为"无线激光通信"或"无线激光网络"。通信的目的就是把信号从一个地点传递到另一个地点。传统的无线通信系统中，信息的转移几乎都是把信息叠加在电磁波上完成的，然后把已调载波发送到目的地。自由空间光通信以激光束作为信息载体，不使用光纤等有线信道的传输介质。研究无线光通信，首先要提到两种通信方式：一个是微波通信，另一个是光纤通信。微波通信与有线通信相比，可节省大量有色金属，并易于跨越复杂地形，可以较灵活地组成点、线结合的通信网，使一些海岛、山区、农村等偏远地区的用户较方便地利用干线进行信息交换。但相对于光纤通信系统，其频带窄，信道容量小，码率低，尚有许多不足。光纤通信系统的线路容量大，不易受外界干扰，但必须有安装光缆用的公用通道，当遇到恶劣地形条件时，工程施工难度大，建设周期长，费用高。随着通信信息量的增大，扩充网络带宽资源、提高通信流量已成为当前通信事业应该面对的重要课题。无线光通信结合了光纤通信与微波通信的优点，既具有通信容量大的优点，又不需要铺设光纤。它是以激光束作为信息载体，不需要任何有线传输媒介的通信方式，可用于空间及地面间通信，其传输特点是光束以直线传播。作为微波通信的改革，无线光通信系统得到人们的普遍重视，早期的研究应用主要是在军用和航天上，近年来，随着无线激光通信各个单元技术的不断发展，逐渐应用于商用的地面通信，各个单元技术也在逐步完善，日臻成熟。目前，卫星间只能以微波进行通信，微波的物理特性决定了它不可能达到与光纤通信一样的带宽，这样就造成地面与卫星联通时出现了"瓶颈"。拓宽星间链路的一种解决方法是多发射卫星，然而地球的外空间资源有限，发射卫星受到一定的限制。卫星间必须是无线通信，卫星间大容量通信的矛盾只能通过发展卫星光通信来解决。根据光学基本原理，卫星间使用激光通信既具有微波通信的可靠性，又具有高码率、通信容量大的优点。同时，由于激光的波束发散角小、光学天线增益高、器件调制速率高、方式灵活、所需射频功率小，因此，可以提高空间卫星通信系统的通信质量，扩展通信范围，连接更多的地面站、空间观测卫星等；还可以减少不同区域用户通信的种种限制，减小星上载荷的体积和质量，增强通信的保密性、抗干扰能力，提高稳定性，改进各种观测数据、信息的集中处理能力和快速反应能力等。

室内无线光通信是在考虑利用光域大带宽的优势来有效抑制射频通信缺点的基础上提出来的，主要指利用红外线进行数据传输。

红外线是波长在 750 nm ~ 1 mm 之间的电磁波，它的频率高于微波而低于可见光，是一种人的眼睛看不到的光线。红外通信一般采用红外波段内的近红外线，波长在 0.75 ~ 25 μm 之间。任何物体，只要其温度高于绝对零度（−273 ℃），就会向四周辐射红外线。物体温度越高，红外辐射的强度就越大。一般而言，红外数据通信采用红外波段内的近红外线，其波长范围介于 0.75 ~ 25 pm 之间。

与无线射频通信相比，其具有如下优点：

①红外线有着巨大的通信带宽且不受电磁干扰影响和无线管制，适用于各种短距离的场合，能够提供较高的通信速率，可靠性高。

②红外光不能穿过不透明物体，因而不同房间之间的通信不会互相干扰，并且通信时侦听困难，通信的安全性较高。

③红外线数据传输基本上采用强度调制，红外接收器只需检测光信号的强度，这就使得红外通信设备比无线电波通信设备便宜、简单得多。只要红外线通信组件能够内置于便携式信息终端，那么，不需要随身携带解调器和综合数据网络终端连接器及连接缆线，就能进行高速数据通信。

④红外无线系统的探测器的尺寸比红外光的波长大得多，因此减弱了多径衰落的影响。

这些优点都使无线红外光系统在某些领域比无线射频系统有更广阔的应用前景。

然而，红外光通信也有其不足之处。例如，红外光不能穿透墙壁，对于不同房间的红外通信，则必须分别安装红外接口，然后通过有线主干网才能获得互连。另外，由于采用的 IM/DD（强度调制/直接检测）调制解调技术是对光信号的强度进行调制，而在室内环境中，存在着由日光、白炽灯或荧光灯引起的背景光噪声，使得红外接收器探测到的光信号中不可避免地包含了这些噪声。为了提高信噪比，必须增加发射光的光功率，这就增加了器件的功耗，并且高功率的光还会对人眼造成损伤。室内无线光通信研究的一个重点就是如何降低发射光功率，在室内通信的过程中，保护人眼的安全。

无线电和红外是相互补充的两种传输媒质，不同的应用场合适合使用其中的一种媒质。无线电适合用在用户的流动性很大，或者要求传输信号能通过墙壁，或进行长距离传输而发射功耗又能做到最小的各种场合；红外则适合应用在短距离的各种场合，在这些场所，每条红外通信线路的二进制编码速率和聚集的系统容量必须做到最大化，成本降到最低，要求产品在国际上有兼容性，或者能最大限度地降低接收器信号处理的复杂性。

红外无线数据通信根据通信速率的不同，可分为：低速模式，通信速率小于 115.2 Kb/s；中速模式，通信速率为 0.567 ~ 1.152 Mb/s；高速模式，通信速率为 4 Mb/s；超高速模式，通信速率为 16 Mb/s。红外宽带传输系统的速率可达 622 Mb/s。

光通信的应用

模块 5.2　组建红外通信系统

红外无线通信

5.2.1　红外无线通信系统的组成

红外无线通信系统采用红外光传输及无线工作机制，其结构主要包括：

（1）发射器部分

需要传输的信号经数字化（采样及量化）后，一般进行基带调制和传输调制，有时还要进行信号源压缩编码，采用所得的电信号驱动电光变换电路来完成红外脉冲发射。

（2）通信信道

红外无线数字通信的信道泛指发射器与接收器之间的空间。由于自然光及人工光源等背景光信号的介入、信号源及发射/接收端设备中电学或光学噪声的影响，红外无线数字通信在某些场合的通信质量较差，需要采用信道编码技术来提高抗干扰能力。

（3）接收器部分

信道中的光信号由光接收器部分实现光电变换，为了消除噪声及码间干扰，需要加入滤波和均衡等环节。

1. 红外发射器

红外发射器的功能是完成信号的电光变换并向空间发射红外脉冲。红外发射器的关键部件是红外发光二极管（LED）和相应的驱动电路。红外 LED 器件首先要满足其调制带宽大于信号的频谱宽度，保证通信线路畅通。此外，LED 的发射波长应与接收器端的光电探测器（一般选用硅光二极管）的峰值响应率相匹配，最大限度地抑制背景杂散光干扰，现阶段一般选用 780 ~ 950 nm 的红外波段进行数字信号传输。由于红外无线通信系统的信噪比与发射器发射功率的平方成正比，所以，适当提高红外发射器的发射功率，并采用空间分集、全息漫射片等可使发射端的光功率在空间均匀分布的措施来降低误码率，提高通信质量。另外，为保证红外发射电路工作点的稳定，应增加适当的温控和光控措施。红外发射器的原理如图 5 - 1 所示。

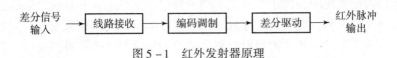

图 5 - 1 红外发射器原理

计算机网卡端口输出的信号是差分 TTL 电平，编码速率为 10 Mb/s，红外发射器接收到差分信号并将其转换为单端数字电平信号，然后进行编码调制，经过编码的信号进入光发射电路。光发射电路一般采用差分驱动，差分电路的对称性和稳定性都比较好，这也是大多数光通信系统采用的电路形式。

2. 通信信道

在红外无线通信系统中，不管是直视方式信道还是漫射方式信道，信道中红外线的发射及反射特性常用朗伯辐射源来近似。由于光信号的反射、散射及背景光噪声的影响，红外无线数字信道中存在多径干扰，这是提高信道质量及进行高速率应用时应解决的主要问题。图5-2 给出了信号流程中通信信道的示意图。

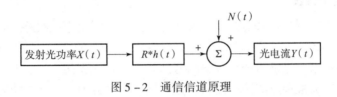

图 5 - 2 通信信道原理

图 5 - 2 中，信道是一个简单的线性基带传输系统，输入是发射光功率 $X(t)$，由于这里的 $X(t)$ 代表功率，所以 $X(t)$ 大于等于 0；R 是光电探测器的响应率；$h(t)$ 是基带信道的脉冲响应；$N(t)$ 是加性白高斯噪声信号；在信号输出端得到的是光电流 $Y(t)$。

红外无线通信信道中的光噪声主要包含自然噪声（太阳光）及人为干扰（荧光灯灯光）等，可以在信息传输通道中加入光学滤光片、聚光镜等进行解决。它们的作用包括整形、滤波、视场变换、频段划分等。例如可用透镜对发射光进行聚焦，利用光学滤光片滤除杂散光，利用透镜扩大光接收器的视场，还可以利用光学元件进行链路的频分复用等。这些都将有利于提高信道质量，满足信息传输需求。

3. 红外接收器

红外接收器部分包括红外光接收部分及后续的信号采样、滤波、判决、量化、均衡和解码等。其具体的原理框图如图 5 - 3 所示。

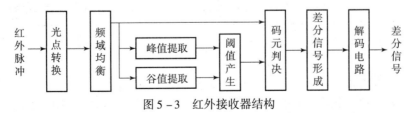

图 5 - 3 红外接收器结构

在红外接收器端，首先进行光电转换，将红外脉冲信号变为电信号。经过适当的频域均衡后进行码元判决，码元判决电路是接收器设计的核心部分。由于信号采用红外无线进行传输，其电平变化范围较大，所以码元判决电路必须是自适应的。接收的信号经自适应码元判决后变成数字信号，再进行适当的解码转换为差分信号进入计算机网卡的信号输入端。

在红外无线通信系统中，由于红外发射器的发射功率较小，并且信号采用红外线进行传输，易受外界环境的影响，这些因素导致了红外接收器接收到的信号很弱，同时电平变化范围较大。因此，低噪声的前置放大器设计和自适应的码元判决电路是必需的。低噪声的前置放大器一般选用输入阻抗较高的跨导放大器，并要求带宽大，增益高，噪声低，干扰小，频率响应与信道脉冲响应匹配。自适应的码元判决电路能自动跟踪输入信号电平的变化，得到最佳的阈值电平，并根据此阈值电平对信号进行判决，将其变换为数字电平之后进行解码，恢复成原始信号。同时，为了滤去低频噪声及人为干扰，需采用带通滤波器；为了与调制特性匹配并消除码间干扰，常采用均衡技术；为了获得较大的光接收器工作范围及瞬时视场，常采用球形光学透镜。这些措施都将有利于红外无线通信质量的提高。

红外无线通信
系统的组成（1）

红外无线通信
系统的组成（2）

5.2.2　红外通信系统的链路及拓扑结构

1. 红外通信系统链路

根据发射器和接收器是否具有定向性及传输信道是否需要直视线路，将红外链路分为视线（Line of Sight，LOS）方式和非视线（Not Line of Sight，NLOS）方式两大类。视线式链接是指高强度的窄光束经过最短的路径将信号从发射端传送到接收端；非视线式链接则不需要按视线传输。每一类链接方式按照器材特性不同，又可分为三种基本情况，具体如图 5-4 所示。其中非视线型的非定向型通常又被称为漫射（Diffuse）式。

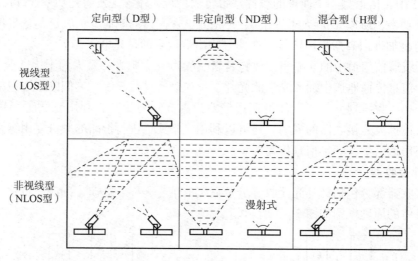

图 5-4　多种传输方式示意图

大多数红外无线通信链路是按照 D-LOS 或 H-LOS 来设计的。这些设计可使光程路径损耗最小，从而使发射功率降至最小，并允许使用简单的发光二极管（LED）来发射信号，平均发射功率约为几十毫瓦，光线集中在 15°~30° 的半角内，发射波长为 850~950 μm，正好与红外接收器硅二极管（PIN）的峰值相应匹配。在 LOS 线路设计中，二极管常常密封在一个扁平圆柱形塑料透镜内，以便聚光，增大视场角。相对而言，D-LOS 和 H-LOS 线路没有多路传输的失真现象，设计结构简单，可使传输速率高达 100 Mb/s。这两种链路的设计方式非常适合点到点和一点到多点的应用场合，例如家电遥控器的单向低速率设备中，但不适合多址（多点）通信网络，因为要在两个以上的收发器之间建立双向的连通性是很困难的。

NLOS链路可以依靠反射表面反射的光来传递数据，避免了LOS的线路限制，提高了链路的健壮性和使用方便性，甚至当发射器和接收器之间存在障碍物时，仍然能够保持通信畅通。在所有的红外通信设计中，ND-NLOS是使用最简便的，其发射器和接收器无须对准。但这种链路的损耗比较大，发射器的发光功率要求高，接收器的接收面积要大，才能有较好的通信质量。典型的ND-NLOS发射器采用几只发射波长为850～900 nm的发光二极管（LED）分别指向不同方向进行发射，平均发射功率一般为100～500 mW。所以，它们的功耗一般高于典型的IrDA发射器。接收器同样采用几只指向不同方向的硅二极管探测器，密封在半球形或平面圆柱形透镜里，以便聚光和增大视场角。

2. 红外通信系统的拓扑结构

红外通信主要有三种拓扑结构：P2P模式、Ad-Hoc模式和Infrastructure模式。通信终端可以是任意的手持式设备（例如便携机、PAD、手机、数码相机等）或固定设备（例如台式机、打印机等）。用于无线网络到有线网络互连的接入点称为Access Point（AP）。下面分别对3种模式进行简要介绍。

（1）P2P（Point-to-Point）模式

图5–5给出了P2P模式结构图。P2P模式下的两个站点可直接进行通信，它们使用公用的通信信道，而信道的接入控制协议大多采用载波监测多址接入方式。对于安装视线型收发器的通信终端而言，由于受到红外辐射范围的限制，采用点对点传输方式是最常用、最简单的模式。其典型应用如两台PAD之间互相交换名片、PAD与PC的系统同步、手机从PC下载铃声等。

（2）Ad-Hoc模式

图5–6中显示了3个通信终端之间互连的Ad-Hoc网络模式。对于采用漫射型收发器的通信终端而言，几个终端放在一起可以建立一个典型的Ad-Hoc连接，几台通信终端通过协议产生一个主导设备，其他设备为从属设备，由主导设备负责本区域中各个通信设备的地址分配，解决地址冲突、通信同步等问题。

图5–5　P2P模式结构图　　　　　　图5–6　Ad-Hoc模式结构图

这种连接模式一般适用于暂时性的、突发性的需求。例如旅行中或离线会议时需要暂时的信息共享、同一房间内几个节点需要建立局域网等应用场合。

（3）Infrastructure模式

在图5–7所示的Infrastructure模式下，任何通信终端的直接通信都必须经过红外接入点AP的转发。红外接入点具有无线端多路连接功能。一般由缓冲环节、控制芯片和电子开关组成，可同时接收不同方向通信终端传送的数据，控制它们的互连。以红外接入点为基础组成的Infrastructure不仅可以让装有定向视线型链路和漫射式链路都能实现多点互连，而且红外接入点还可以组成无线局域网到有线局域网的桥接器。

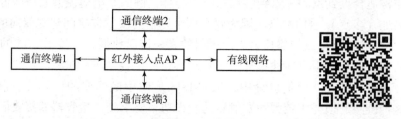

图 5-7　Infrastructure 模式结构图

红外信道的拓扑结构

　　影响红外接入点的最大问题是如何克服不同输入信号之间的同道干扰。针对这些输入信号来自不同方向的特点，可以采用多角度接收器将它们区分开来。用于红外无线网络到有线局域网桥接的接入点可以扩展手持式设备的应用。

模块 5.3　红外通信关键技术

5.3.1　IrDA 通信协议

　　要使各种设备能够通过红外口随意连接，一个统一的软硬件规范是必不可少的。但在红外通信发展早期，存在规范不统一问题：许多公司都有着自己的一套红外通信标准，同一个公司生产的设备可以彼此进行红外通信，但却不能与其他公司有红外功能的设备进行红外通信。当时比较流行的红外通信系统有惠普的 HPSIR、夏普的 ASKIR 和 General Magic 的 MagicBeam 等，虽然它们的通信原理比较相似，但却不能互相感知。混乱的标准给用户带来了很大的不便，并给人们造成了一种红外通信不太实用的错觉。

　　IrDA 是 Infrared Data Association（红外资料协会）的缩写。为了建立一个统一的红外数据通信的标准，1993 年，由 HP、COMPAQ、INTEL 等 20 多家公司发起成立了红外资料协会，1993 年 6 月 28 日，来自 50 多家企业的 120 多位代表出席了红外资料协会的首次会议，并就建立统一的红外通信标准问题达成了一致。一年以后，第一个 IrDA 的红外数据通信标准发布，即 IrDA1.0。

　　IrDA1.0 简称为 SIR（Serial Infrared），它是基于 HP-SIR 开发出来的一种异步的、半双工的红外通信方式。SIR 以系统的异步通信收发器（UART）为依托，通过对串行资料脉冲的波形压缩和对所接收的光信号电脉冲的波形扩展这一编码/译码过程（3/16 EnDec）实现红外数据传输。由于受到 UART 通信速率的限制，SIR 的最高通信速率只有 115.2 Kb/s，也就是大家熟知的计算机串行端口的最高速率。

　　1996 年，IrDA 发布了 IrDA1.1 标准，即 Fast Infrared，简称为 FIR。与 SIR 相比，由于 FIR 不再依托于 UART，其最高通信速率有了质的飞跃，可达到 4 Mb/s 的水平。FIR 采用了全新的 4-PPM（Pulse Position Modulation）调制解调，即通过分析脉冲的相位来辨别所传输的资料信息，其通信原理与 SIR 是截然不同的，但由于 FIR 在 115.2 Kb/s 以下的速率依旧采用 SIR 的那种编码译码过程，所以它仍可以与支持 SIR 的低速设备进行通信，只有在通信对方也支持 FIR 时，才将通信速率提升到更高水平。

红外数据通信的速率在不断地攀升之中。继 FIR 之后，IrDA 又发布了通信速率高达 16 Mb/s 的 VFIR 技术（Very Fast Infrared），并将它作为补充纳入 IrDA1.1 标准之中，见表 5-1。更高的通信速率使红外通信在那些需要进行大资料量传输的设备上也可以占有一席之地，而不再仅仅是连接线的替代。

表 5-1　IrDA 协议的有关技术参数

版本号	传输速率	调制方式
IrDA1.0	115.2 Kb/s	NRZ
IrDA1.1	1.152 Mb/s	RZI
	4 Mb/s	4-PPM

IrDA 标准具有核心协议和可选协议之分。图 5-8 是 IrDA 协议栈的结构示意图。

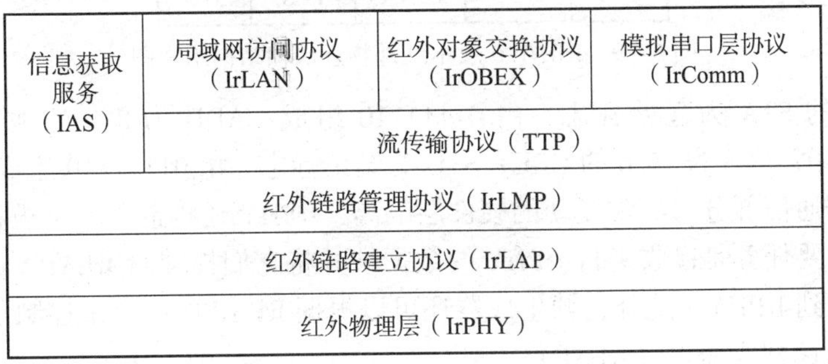

信息获取服务（IAS）	局域网访间协议（IrLAN）	红外对象交换协议（IrOBEX）	模拟串口层协议（IrComm）
	流传输协议（TTP）		
	红外链路管理协议（IrLMP）		
	红外链路建立协议（IrLAP）		
	红外物理层（IrPHY）		

图 5-8　IrDA 协议栈结构图

其中，核心协议主要包括红外物理层（Infrared Physical Layer，IrPHY）、红外链路建立协议（Infrared Link Access Protocol，IrLAP）、红外链路管理协议（Infrared Link Management Protocol，IrLMP）3 个协议层。

红外物理层定义了红外通信的硬件要求、低级数据帧结构及帧传送速度；红外链路建立协议在自动协商好的参数基础上提供可靠的、无故障的数据交换；红外链路管理协议提供了建立在红外链路管理层连接上的多路复用及数据链路管理。在 IrLMP 上层的协议都属于特定应用领域的规范和协议。信息获取服务（Information Access Service，IAS）提供了一个设备所拥有的相关服务检索表。它定义了命令/响应型的信息检索规程和几种基本的数据表示方法。对于将要建立的连接而言，所有可用的服务或应用必须拥有 IAS 入口，它可以用来决定服务地址，也能够询问 IAS 有关服务的附加信息。依据各种特殊应用需求，可选配如下协议：

①流传输协议（Tiny Transport Protocol，TTP）：在通道中加入流控制来保持传输顺畅，制定把数据进行拆分、重组、重传等操作机制。

②红外对象交换协议（Infrared Object Exchange，IrOBEX）：制定了文件和其他数据对象传输时的数据格式，完成文件和数据对象的交换服务。

③模拟串口层协议（Infrared Communication，IrComm）：进行串、并行口仿真，使当前的应用能够在 IrDA 平台上使用串、并行口通信，而不必进行转换。

④局域网访问协议（Infrared Local Net，IrLAN）：为笔记本电脑和其他设备开启红外局

域网通道。

1. 核心协议层

（1）红外物理层（IrPHY）

IrPHY 提供了红外设备的连接规范，涵盖了红外收发器、数据位的编码和解码、传输距离、传输视角（接收器和发射器之间红外传输方向上的角度偏差）、发光功率、抗噪声干扰等方面，以保证不同品牌不同种类设备之间的物理互连；实现了传输距离为 0~1 m，传输视角为 0°~10°的无错通信和在环境光及其他红外光干扰下的成功通信。发射器的发光强度和接收器的检测灵敏度规范保证在 0~1 m 内链路能正常工作，接收灵敏度还保证了最小强度的发射光在 1 m 处能被感知，而最大强度的发射光在 0 m 处并不使光接收器过饱和。红外发射器、接收器均与标准异步通信收发器相连，最大接入速率达 115.2 Kb/s，信道误码率为 10^{-9}。IrDA1.0 版本红外物理层的帧结构如图 5-9 所示。

| STA | ADD | DATA | FCS | STO |

图 5-9　IrDA1.0 版本红外物理层帧结构示意图

图 5-9 中的 STA 为起始标志，由 01111110 组成；ADD 为 8 b 的地址场；DATA 为 2 048 B 的信息场；FCS 为 16 b 的 CRC；STO 为结束标志，由 01111110 组成。

为了将数据通信部分与经常变动的硬件层隔离，IrPHY 还构造了一个被称为帧生成器的软件层，它的主要任务是接收来自 IrPHY 的数据帧并将它们提交给 IrLAP，同时还接收输出帧并将它们传送到 IrPHY。此外，帧生成器还可以根据 IrLAP 的命令来控制硬件通信速度。

（2）红外链路建立协议（IrLAP）

IrLAP 是 IrDA 的核心协议之一，它是在广域网中广泛使用的高级数据链路控制协议（High-level Data Link Control，HDLC）基础上开发的半双工面向连接服务的协议。IrDA 标准对 IrLAP 规则提出了如下最基本的要求。

①设备搜索：搜寻红外辐射空间存在的设备。

②选择连接：选择合适的传送对象，协商双方均支持的最佳通信参数并进行连接。

③数据交换：用协商好的参数进行可靠的数据交换。

④断开连接：关闭链路并且返回到常规断开状态，等待新的连接。

由于 IrLAP 是在自动协商好的参数基础上提供可靠的、无故障的数据交换，因此，在 IrLAP 开发过程中，需考虑以下几个环境因素的影响。

①点对点连接：红外链路连接是一对一的，不能像局域网那样可以实现多对多连接。

②半双工方式：红外光（或数据）一次只能在一个方向上进行传输，但可以通过频繁改变链路方向来近似模拟全双工工作方式。

③红外锥角限制：红外传输为了将周围设备引起的干扰降到最低限度，其半角应限制在 15°范围以内。

④红外节点隐蔽：当其他红外设备从当前发送方后面靠近现存的链路时，不能迅速侦测到链路的存在。

⑤抗噪声干扰：链路建立协议必须克服荧光、其他红外设备、太阳光等因素的干扰。

⑥无冲突检测：由于硬件设计是不检测信号冲突的，必须在软件设计中考虑冲突处理措施，以免丢失数据。

IrLAP 最基本的数据帧格式如图 5 - 10 所示。

标志	地址	控制	数据	FCS	标志
8 b	8或16 b	8或16 b	位数可变	16或32 b	8 b

图 5 - 10　IrLAP 帧格式结构示意图

数据帧格式中的标志字段标记每一帧的开始和结束，并且包含了特殊的位模式 01111110。地址字段具有自我解释性，标准格式是 8 b，扩充格式为 16 b。当只有一个主站并且从站之间不互相发送数据帧时，目的地址是不需要的，而源地址是必需的，主站通过源地址才能得知数据帧的出处。在某些情况下，字段还包括组地址和广播地址（全部为 1），带有组地址的数据帧将被所有组中预先定义的从站接收，而带有广播地址的数据帧则被所有与主站建立连接的从站接收。控制字段用来发送状态信息或发布命令，一般情况下为 8 b，它的内容取决于数据帧的类型；校验序列（FCS）用于 CRC 错误检测，大部分情况定义为 16 b。IrLAP 定义了 3 种类型的帧：信息帧、监控帧、无序列帧。其中信息帧用于信息传输；监控帧用于链路管理，如应答接收帧、传送站点状态、报告帧序列错误等；无序列帧则用于建立和释放链路，报告过程错误，传送数据。

IrLAP 的工作过程的主要步骤为发现设备和地址冲突处理、链路建立、信息交换和链路关闭。其具体工作过程示意图如图 5 - 11 所示。

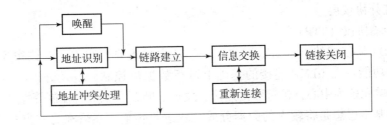

图 5 - 11　IrLAP 工作过程示意图

建立 IrLAP 连接的两部分存在主从关系，承担不同的责任，用 IrDA 术语可表达为主站（Primary）和从站（Secondary）。主站控制通信，管理和保持各个任务的独立性。它发送命令帧，初始化链路，组织发送数据和进行数据流控制，并处理不可校正的数据链路错误；从站则发送响应帧来响应主站的请求，但是设备的协议栈既可以作为主站，又可以作为从站。一旦链路建立，双方轮流发问，但在允许另一方发问之前，发问方一次发问不能超过 500 ms。在协议的更高层，主从关系并不明显，如果两设备之间建立了连接，从站的应用程序也能实现初始化操作。

链路建立协议的过程中包含两种操作模式，根据其连接是否存在，可分为常规断开模式（Normal Disconnect Mode，NDM）和常规响应模式（Normal Response Mode，NRM）。常规断开模式是一种设备未建立连接的默认操作模式。由于各个站点在可能的通信范围内移动，因此，主站在建立链路时，需要寻找移动站所在位置。在这一模式下，设备必须对传输媒质进行检测，在进行传输之前，必须检查是否正在进行其他传输。如果在超过 500 ms（最大链路运行周期）时间范围内没有检测到传输活动，则可以认为传输媒质可用来建立连接，这样可以避免对现有的链路造成干扰。常规响应模式则是指设备已建立连接的操作模式。一旦连接双方采用在常规断开模式中协商好的最佳参数进行通信，协议栈中的较高层就可以利用常规命令和响应帧来进行信息交换。

（3）红外链路管理协议（IrLMP）

IrLMP 也是 IrDA 协议的核心协议层之一，IrLMP 根据 IrLAP 层建立的可靠连接和协商好的参数设置，提供如下功能。

①多路复用：允许在一个 IrLAP 链路上同时独立运行多个 IrLMP 服务连接。

②高级搜索：在 IrLAP 搜索中解决地址冲突，处理具有相同 IrLAP 地址的多设备事件，并告知它们重新产生一个新的地址。

为了在一个 IrLAP 链路上建立多个 IrLMP 连接，必须通过更高级的寻址方案来实现，具体包括链路服务访问点和链路服务访问导入点两个重要内容。其中，链路服务访问点（Link Service Access Point，LSAP）是指在 IrLMP 内的一个服务或应用的访问点，它以一个简单的字节作为导入点。链路服务访问导入点（LSAP Selector，LSAP-SEL）则是指一个字节响应一个链路服务的访问点，作为一个服务在链路管理协议层多路复用内的一个地址，在链路多路复用过程中，常采用七位的识别符。链路服务访问导入点的可用值范围是 0x00 ~ 0x7F，其中 0x00 分配给信息获取服务（IAS）使用，0x70 分配给无线连接型通信使用，0x7F 作为广播地址；0x71 ~ 0x7E 为保留段；其余的均为 IrLMP 上可用的服务标识，并且值的分配是任意的。

2. 可选红外协议层

（1）流传输协议（TTP）

TTP 是 IrDA 协议栈的可选协议层之一，但从它的重要性来看，应该作为核心层对待。它有两个主要功能：在 IrLMP 连接的基础上进行数据流控制，以及分组与重新拼合数据。TTP 以 IrLMP 单元核为中心，进行数据连接、发送、断开和施加流控制等操作。其分组与重新拼合功能的基本思想是将较大的数据分成几块进行传输，然后在另一方重新将其拼合起来。被分割和拼合的数据中，一个完整的数据块被称为服务数据单元，并且在 TTP/MLP 连接建立时，就要协商好服务数据单元的最大尺寸。

当一个 IrLMP 连接已经建立，并且在其连接基础上有两个 IrLMP 服务连接采用多路复用时，如果其中一方开启链路建立协议流控制，则在链路建立连接上的所有数据流在此方向上被完全切断，这样另一方就无法得到它想要的数据，直到链路建立协议流控制关闭为止。如果流控制是基于链路建立协议并采用了 TTP，那么其中一方可以在不对另一方产生任何负面影响的情况下，通过停止数据传输来处理已经接收到的信息。

（2）红外对象交换协议（IrOBEX）

IrOBEX 是一个可选的应用层协议，其设计目的是使不同系统能交换大小和类型不同的数据。在嵌入式系统中，最普遍的应用是任意选择一个数据对象，并将其发送到红外设备指定的任一地址。为了在接收方识别数据对象并顺利地进行数据处理，红外对象交换协议提供了相应的工具。

建立 IrOBEX 的目的是尽可能完整地打包 IrDA 通信传输数据，这样可以大大简化通信应用的开发。需要特别注意的是，IrOBEX 虽然在 IrDA 协议栈上运行，但其传输是独立的。IrOBEX 协议中包含了两种模式：会话模式中的会话规则用来规范对象的交换，包括连接中可选的参数约定及针对对象的"放""取"等一系列操作，它允许在不关闭连接的情况下终止传输，支持连接独立关断；而对象模式则提供了一个可扩展的目标和信息代表来描述对象。

IrOBEX 的对象范围比较广，不仅包含传统的文档，而且还包括了页面、电话信息、数字图像、电子商务卡片、数据库记录、手持设备输出或诊断信息。建立该协议层的一般思想就是使所有的应用不必牵涉到管理连接或者通信处理过程，仅仅只是选择对象并将其用最直接的方法传到另一方，这与 Internet 协议组中的 HTTP 服务的作用相似。

红外通信协议

5.3.2　红外信号的调制和解调

由于红外线在传输过程中易受到外界干扰，数字信号如果不经发射端的调制编码就直接发射出去，根本就无法获得更高的系统性能。因此，为了提高系统的通信质量，必须对被传输信号进行调制编码，并在接收端进行相应的信号解码。本节将集中探讨信号在发射和接收时所采用的调制与解调技术，并比较各种调制和解调方案的优缺点。

一般简单通信系统的调制解调过程如图 5 – 12 所示。

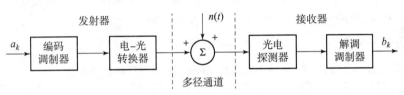

图 5 – 12　系统的调制解调过程示意图

输入的数据序列 a_k 被编码调制后，经过电 – 光转换器转换成光信号 $X(t)$ 进行发射，通过室内的多径信道传输到接收端，接收端的光电二极管将光信号转换为电信号，然后进行解调和解码，从而恢复到原始信号 b_k。其中，$n(t)$ 表示通信信道中引入的光信号噪声。

评价调制技术性能最重要的标准就是误码率在所要求的控制范围内时平均光功率的大小。把在一个理想冲激响应信道内传送 OOK 调制编码信号的平均接收光功率作为归一化标准，来衡量各种调制编码方法的性能。即在一个理想信道内，OOK 调制编码归一化的功率要求为 0 dB。同时，由于接收器上的信噪比正比于光功率的平方，所以一个等效的衡量标准就是达到规定的误码率所需信噪比的数值。为了评价一种调制方式所需的光功率或者信噪比，在高码率传输时，还必须考虑到多径失真引起的码间干扰的情况。

衡量调制技术的另一个重要判断标准就是它所需要的接收器带宽。从接收器选择角度考虑，很难在一个相当宽的带宽范围内获得低噪声和稳定频率响应的效果。对于全基带调制和单路副载波调制方案而言，把这种带宽要求 B 定义为在发射波形 $X(t)$ 的光功率频谱密度 $S_x(f)$ 中的主瓣宽度（即零频到第一零点的频率差）。对于多路副载波方案，带宽要求 B 是从零点到高频副载波的第一个过零点零位的频率差。把所需带宽归一化为 B/R_b，即采用比特速率 R_b 来归一化常用的调制技术波形。

红外无线通信系统的调制编码技术主要有 OOK（开关调制）、PPM（脉位调制）、ASK（幅移键控）、PSK（相移键控）、MSK（多路副载波调制）等。

图 5 – 13 中的 T 是码元间隔，P_t 代表平均发射光功率。其中图 5 – 13（a）代表非归零

脉冲的开关键控调制，图5-13（b）代表脉冲占空比为0.5的归零开关键控调制，图5-13（c）代表的是脉位调制，图5-13（d）代表的是副载波调制，其副载波频率为信号周期的倒数。上述4种编码调制方式中，非归零开关键控调制方式具有统一的归一化带宽要求，其他3种调制方式具有两倍于这样的归一化带宽要求。

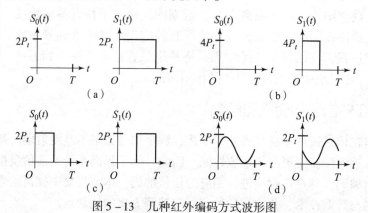

图5-13　几种红外编码方式波形图

表5-2给出了理想信道和加性白高斯噪声情况下几种调制方案的平均功率和带宽要求。这里的表达式代表相应的近似值，这些近似值在高信噪比处是正确的。OOK/NRZ（非归零制脉冲开关键控）调制方式作为归一化标准，其平均光功率和带宽要求分别是0和1。

表5-2　各种编码调制方式所需带宽和平均功率比较

调制方式	归一化所需平均功率	归一化所需带宽
OOK/NRZ 调制	0	1
OOK/RZ 调制（占空比 d）	$5\log_{10}d$	1
NBPSK 副载波	$1.5 + 5\log_{10}N$	2
NQPSK 副载波	$1.5 + 5\log_{10}N$	1
L-PPM	$-5\log_{10}\left[(L\cdot\log_2 L)/2\right]$	$L/\log_2 L$
L-DPPM	$-5\log_{10}\left[(L\cdot\log_2 L)/2\right]$	$(L+1)/(2\log_2 L)$

1. OOK 调制方式（On-Off-Keying Modulation）

在所有的红外无线调制方式中，开关键控（OOK）调制是最简单的。非归零式和归零式开关键控调制的输出波形如图5-13（a）和图5-13（b）所示。假设OOK调制方式的信道是无失真的，在以附加白高斯噪声为主的噪声背景下，理想的接收器由脉冲幅度探测器、连续时间与发送脉冲波形相匹配的滤波器及采样器组成，采样电平设为脉冲由低到高的中间处。其中，非归零OOK编码方式能够较好地平衡所需带宽和平均功率的关系。使用占空比为$0<d<1$的归零脉冲时，所需带宽随着$1/d$的增加而增加，但所需平均功率却有所降低，由扩展带宽而增加的噪声比峰值光功率的增加要超过$1/d$倍。所以，目前的红外应用中多采用OOK/RZ调制方式。但是占空比d较小时，这种调制方法就不如脉冲位置调制PPM有效了。

当存在多径码间干扰时，OOK调制方式的解调通常需要在接收器端采用白化匹配滤波器，并执行最大似然序列探测，利用维特比算法（Viterbi Algorithm）来实现调制信号的解调，该算法对降低码间干扰的作用最为明显。当然，也可以采用一个判决反馈均衡器来自动跟随信道脉冲响应的变化，从而降低码间干扰。实际应用的判决反馈均衡器可以通过采用数字式或者离散时间模拟信号处理技术来实现。

2. PPM 方式（Pulse-Position Modulation）

脉位调制 PPM 是一种正交调制方式，相比于 OOK 调制方式而言，其平均功率降低了，但是为此付出的代价是增加了对带宽的需求。这一点可以从表 5 – 2 中看出来。脉位调制方式具体包括单脉冲脉位调制、差分脉冲脉位调制、多脉冲脉位调制 3 种类型。

PPM 方式是以基带信号去改变载波脉冲在时间段上的位置来完成调制的。L-PPM 把每个信号周期分成 L 个时隙，由 L 个时隙组成的码元称为基片。在这些时隙内的传输功率为 LP_t，在其他的 $L-1$ 个时隙内传输功率为 0，因此，可以为 $\log_2 L$ 位信号编码。在给定比特率的情况下，L-PPM 需要的带宽比 OOK 的大，具体由 $L/\log_2 L$ 决定。如果不存在多径干扰，L-PPM 所需平均功率会随着 L 的增大而逐步下降，同时所需带宽会增加。PPM 编码与 OOK 编码方式相比，除了增加了所需带宽要求外，还增加了发射器的峰值功率要求和对基片与码元的电平同步要求。

PPM 方式的通信时间被分成宽度为 T 的周期时间段，每个时段成为一帧。PPM 数据帧结构示意图如图 5 – 14 所示。

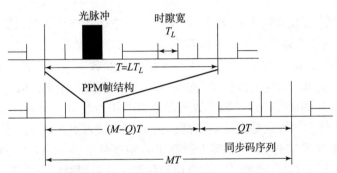

图 5 – 14　PPM 数据帧结构示意图

一帧的时间 T 由 $L = 2^n$ 个长度均为 T_L 的时隙构成。每个时隙代表一个不同的 L 元符号。在发射端，每一帧中的某个时隙上发送出去一个宽度为 T_L 的光脉冲，该脉冲在帧中时隙的位置表示要传送的信息，信息包含在脉冲距离帧头的某个时间位置上。在接收端，检测光脉冲在帧中的位置，从而还原成发送信息。在 PPM 方式中，同步是至关重要的，为了实现同步，周期性地在随机数据流中插入一个已知的 PPM 同步标识序列，接收器通过确定该同步序列的位置而获得帧同步。两个同步序列之间的 M 个 PPM 帧称为节，一节包含 Q 个同步序列帧（称为节头）和 $M - Q$ 个随机数据帧。

3. 其他调制方式

在单副载波调制（SSM）中，比特流被调制到一个射频副载波上，这种经过调制的副载波再被调制到红外发射器的瞬时功率 $X(t)$。因为副载波通常是一个正弦波，数值有正有负，为了满足发射功率 $X(t)$ 非负性要求，必须在它的上面加上一个直流偏移量。副载波经过接收端的光电转换后，可以被标准的 BPSK 或 QPSK 接收器解调。在没有失真的信道中，单 BPSK 或

QPSK 副载波调制所需的光学功率比 OOK 多 1.5 dB。但 BPSK 波形使用正弦波脉冲，使得其功率比矩形波少 3 dB。因此，为了达到同样的接收信噪比，所需的光学功率要多 1.5 dB。

多重副载波调制（MSM）使简单 IM/DD 通道中的频分多路复用成为可能。在多重副载波调制中，几个独立的比特流调制不同频率的副载波。发射器的光强根据频分多路复用的总和进行调整。在接收端，采用不同的带通解调器把各个比特流分离出来。MSM 调制的效率不及 OOK 和 L-PPM 方式，但是 MSM 却非常适合从一个基站向多个端点传输多个比特流。通过几个同时传输的窄带副载波，MSM 能够达到很高的比特率，并且允许单个接收器接收部分信号。

格状脉位调制（TC-PPM）方式是一种将编码和调制综合的调制方式。其设计的目的是将被允许的信号序列间的欧几里得最小距离增加到最大，其关键概念是将信号组集划分成不等的最小欧几里得子集。由于脉位调制方式是正交调制，在一个无失真的信道上，任何两个码元之间的欧几里得距离都是相等的，因此再将信号组划分就没有意义了。但是，当信道存在多路失真时，会使两个码元之间的距离不等，此时将其划分成不同的组别形成格状编码，会提高系统的抗码间干扰能力，减少系统对发射功率的要求。

模块 5.4 应用红外无线通信技术

红外信号的调制和解调

自从 IBM 公司的 F. R. Gfeller 在 20 世纪 70 年代发表了关于室内红外无线通信设计与实验的论文以来，世界各国有许多学者与厂商致力于该领域的研究。加州大学 Berkeley 分校在 IBM 公司及 HP 公司的资助下进行了无线数字系统特征及系统设计的研究，其目标是 100 Mb/s 及 50 Mb/s 的散射光传输。为了提高频带利用率，Kahn 教授领导的研究小组进行了 MSM 传输的研究，以子载带数及带宽需求作为基本参数来评价调制方式。其研究结果表明，MSM 技术的特点是频带效率高，信道的多接入更加简单方便，更适合高速应用场合。AT&T Bell 实验室的 Condon 等人研制出采用红外链路的 ATM 局域实验网 Rednet，采用与有线网络相连的基站作为网关，支持用户漫游，链路层协议支持链路共享及信元的传输，可实现便携式 PC 机的无线端到端之间的通信，其传输速率为 2~5 Mb/s，传输距离为 4 m。Elmirqhani 等人提出了集成脉冲位置调制及码分多址（CDMA）接入的室内红外通信网络模式，采用了光学正交码，讨论了最小误码率时的参数优化。Daniel 等人则对采用手持终端的红外无线厂区网络进行了研究。该网络采用蜂窝结构，所有的红外单元与高速光纤骨干网相连。其中，普通型含有标准的电话业务及少量的数据业务，可用于移动手持终端应用；高性能型红外手持终端具有内置处理能力，使传感器的数据速率降至与红外信道兼容，可用于高速数据设备接口应用。其红外信道采用的协议类似于 ISND 协议，每个红外单元的信道速率为标准 ISDN 速率。此外，他们还研究了信道特性，并对网络性能进行了分析与测试。

目前，红外技术被成功地应用到市场的以下产品中：家用电器遥控器、便携式电脑、台式电脑、手机、数字照相机、便携式扫描仪、玩具和游戏机，以及计算机外围设备，如打印机、键盘和鼠标。

正在发展的应用有 ISDN 的红外无线接入设备、分布式视频红外无线接入、计算机红外无线接入的软件支持、无线红外 LAN、ATM 网的红外无线接入等，目前该技术正向高带宽、高速率方向发展。随着对红外技术研究的不断深入，红外线通信技术应用将更为广泛，红外无线网络也将进一步得到发展。

仿真训练 5：2ASK 调制仿真

1. 任务目标

①进一步掌握 Simulink 模型仿真设计方法。

②深入理解 2ASK 调制技术的工作原理。

2. 实现原理

ASK 称为幅移键控或振幅键控，是正弦载波的幅度随数字基带信号而变化的数字调制。当数字基带信号是二进制时，则为二进制振幅键控，即 2ASK。设发送的二进制符号序列由 0、1 序列组成，发送 0 符号的概率为 P，发送 1 符号的概率为 $1-P$，且相互独立。则该二进制符号序列可表示为：

$$s(t) = \sum_n a_n g(t - nT_s) \tag{5-1}$$

其中，

$$a_n = \begin{pmatrix} 0 & P \\ 1 & 1-P \end{pmatrix} \tag{5-2}$$

则二进制振幅键控信号可表示为：

$$e_{2ASK}(t) = \sum_n a_n g(t - nT_s)\cos\omega_n t \tag{5-3}$$

二进制振幅键控信号时域波形如图 5 – 15 所示。由图可以看出，2ASK 信号的时间波形 $e_{2ASK}(t)$ 随二进制基带信号 $s(t)$ 通断变化，所以又称为通断键控信号（OOK 信号）。

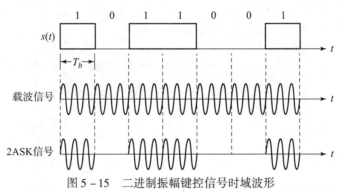

图 5 – 15　二进制振幅键控信号时域波形

2ASK 仿真电路如图 5 – 16 所示，由 Sine Wave 信号源、方波信号源、乘法器等模块组成。

3. 操作步骤

步骤 1：新建一个 Simulink 模型。按照图 5 – 16 所示组建 2ASK 调制仿真电路。其中，Sine Wave 为正弦波产生模块，生成载波信号；Pulse Generator 为方波产生模块，用于模拟二进制符号序列；Product 为乘法器。

步骤 2：设置各模块参数。

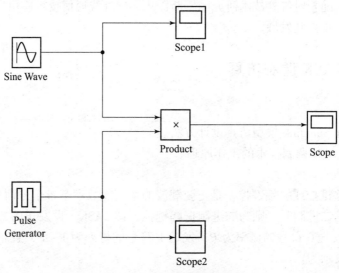

图 5 - 16 2ASK 仿真电路

①Sine Wave：图 5 - 17 所示为正弦波发生器的参数设置，可见，载波信号幅度为 2，周期为 1/3，初始相位为 0。

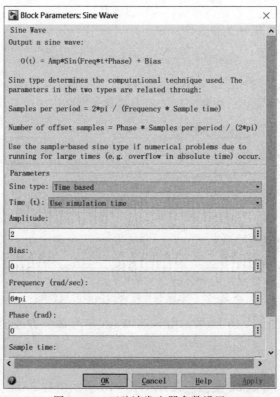

图 5 - 17 正弦波发生器参数设置

②Pulse Generator：图 5 - 18 所示为方波产生模块的参数设置，其幅度为 2，周期为 3，占空比为 70%。

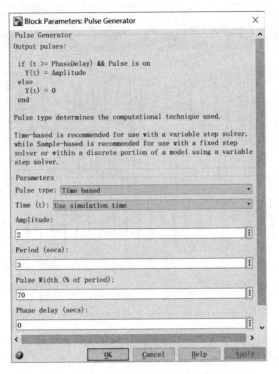

图5－18　方波产生模块的参数设置

③其余各模块均使用系统缺省设置。

步骤3：运行程序，观察信号波形。2ASK调制波形如图5－19所示，其中，图5－19（a）为二进制码元信号，图5－19（b）为载波信号，图5－19（c）为经调制后的信号波形。

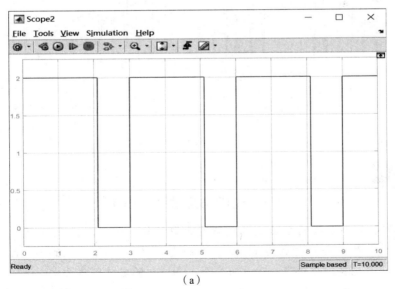

（a）

图5－19　2ASK调制波形

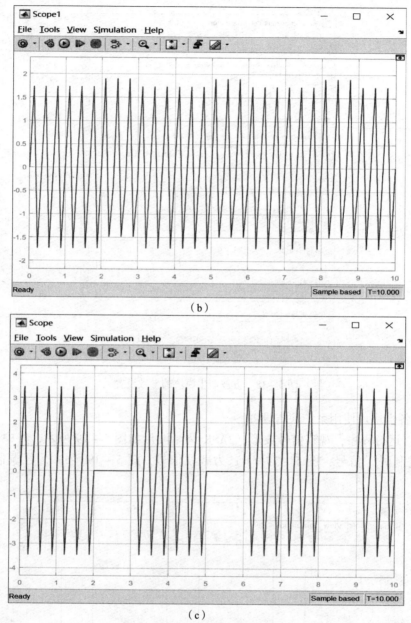

（c）

图 5 - 19　2ASK 调制波形（续）

知识拓展

新一代光通信技术——Li-Fi

目前 Wi-Fi 技术所承载的电磁波频段频谱资源稀缺，无法满足日益增长的数据通信要求。此外，无线数据安全问题也为 Wi-Fi 技术的发展提出了挑战。新一代光通信技术——Li-Fi 的出现，为数据传输提供了一种更为安全、高速、稳定的解决方案。

Li-Fi（Light Fidelity）是一种基于光（而不是电波）的无线通信技术，其结合了光的数据通信功能和照明功能。由于在光谱中可见光对人体是无害的，并且在照明中广泛使用，所以 Li-Fi 也被称为可见光通信（Visible Light Communication，VLC）。可见光通信是一项基于白光 LED 的新兴无线光通信技术。

可见光通信是在利用 LED 照明的同时，将信号调制在 LED 光源上，以可见光波段作为载体传输数据。例如，LED 开表示 1，关表示 0，通过快速开关就能传输信息。由于 LED 的发光强度，人眼不会注意到光的快速变化。Li-Fi 与光纤通信拥有同样的优点：高带宽、高速率。不同的是，Li-Fi 是使光在人们周围的环境中传播，自然光能到达的任何地方，就有 Li-Fi 信号。Li-Fi 技术是运用已铺设好的设备（无处不在的灯泡），只要在灯泡上植入一个微小的芯片，就能变成类似于 AP（Wi-Fi 热点）的设备，使终端随时能接入网络。

Wi-Fi 是覆盖整个建筑的完美无线数据传输技术，但是 Li-Fi 可以提供更高效率、更大带宽、更安全和高速获取的通信技术。

光和无线电波一样，都属于电磁波的一种，传输网络信号的基本原理也是一致的。研究中，给普通的 LED 灯泡装上微芯片，可以控制它每秒数百万次的闪烁，由于频率太快，人眼根本觉察不到，光敏传感器却可以接收到这些变化，这样，二进制的数据就被快速编码成灯光信号并进行有效的传输。灯光下的电脑，通过一套特制的接收装置，读懂灯光里的"摩尔斯密码"。

Li-Fi 的技术优势主要在于：

（1）建设便利

灯泡这种设备在一百多年前被人类发明，并且这一百多年来灯泡的生产技术越来越发达。人们可以利用已经铺设好的电灯设备电路，在需要接入网络的地方植入一个芯片即可。例如高速公路上的路灯，人们在高速行驶的车上能轻易地接收到路灯传来的信号。

（2）高带宽，高速率

可见光的频谱带宽是目前电磁波带宽的 10 000 倍。据报道，目前实验室测试最高速度可达 1 Gb/s。人们可以随时随地享受高速带来的体验。

（3）绿色，低能耗

人们时时刻刻都处在"光"这个环境中，甚至可以说是光创造了人类。可见光对于人类来说是绿色的、无辐射伤害的一种物质，因此，用光作为无线通信的媒质，是一种对人类发展更健康、更可取的方向。同时，用光来通信能降低能耗，因为不需要像基站那样提供额外的能耗。即使是在白天，只要把作为"热点"的灯的亮度降低到人眼察觉不到的程度即可，在夜晚可以起到数据传输和照明的作用。

（4）安全

对于电磁波来说，其可以穿透物体进行传播，从安全角度来看，这可能会被截取而泄露信息。但对于 Li-Fi 来说，可见光只能沿直线传播，不会穿透墙体。数据只往人们所设定的方向传播，有利于信息的安全性。

随着现在数字技术的迅速发展，无线可见光通信有着其独有的优势——高带宽、高速率、绿色、低能耗、安全，在实验室的测试报告中，Li-Fi 技术十分适用于解决目前无线通信中被人们指出的一些问题，可能成为与 Wi-Fi 技术竞争的新技术。

项目五习题

项目 ⑥

短距离无线通信设备检测

模块 6.1　什么是无线检测认证

　　无线电频谱资源是一种非常稀缺的国有资源，近年来，随着无线电技术的广泛应用及无线设备使用数量的不断增加，无线电频谱环境变得日益复杂。因此，如何对无线电频谱资源进行科学、统一、高效的管理，从而确保其安全、有序地使用变得尤为重要。无线电频谱管理是一项非常重要的工程，它包含多个层面的工作，其中，对无线电设备的认证、测试和管理则是从源头减少无线电干扰的产生，对无线电频谱资源的高效利用具有重要的作用。因此，作为无线电产品市场准入的标尺，无线设备的检测认证行业也在中国逐渐发展起来。

　　随着经济发展的全球化和国际化，各个国家的无线电设备都需要符合其监管机构制定的EMC、RF 无线射频和安全标准。对设备制造商生产的产品进行相应的检测和认证是其能够出口到某一国家的先决条件，产品的检测和认证证书可以向购买者表明该产品符合出口国家的标准。如果未能达到要求的产品进入市场，将会受到法律制裁。所以，清楚地了解每个国家的 EMC、RF 无线射频和安全标准是非常重要的。此外，在这些国家还有由国家授权的持续进行市场监管的认证机构，如 TCB、FCB 和国家机关对已经检测和认证过的产品进行的审计活动。由于监管标准不断更新，因此，确保经过认证的产品持续符合相关要求至关重要。同时，为了掌握最新的监管要求，需要与监管机构保持良好的沟通。

　　本模块将简要介绍 3 个重要的市场方向及相应的检测认证行情。

6.1.1　北美洲方向

　　在美国，由联邦通信委员会（FCC）主管其无线电频谱资源。FCC 对无线电管理的法律中规定了各类无线电发射设备、器件、部件的通用基本要求及设备的认证流程，同时，也规定了工作于各频段无线电设备的详细技术指标，具体包括以下 3 个方面的要求。

①对使用者及其他人的健康和安全的保护的基本要求，主要是电磁暴露的要求。

②对环境保护的要求，主要是指设备的电磁干扰发射的技术要求。

③满足陆地和空间的频谱资源及卫星轨道资源的有效利用，避免有害干扰的基本要求。主要指有关射频参数（RF）的要求，具体参数包括发射功率、频率范围、杂散发射、杂散辐射、占用带宽及频率误差等发射机的技术要求。

法规中除了规定上述一些基本要求外，还有很多针对各频段的各类无线电设备的详细技术指标要求，例如，有针对 850 MHz 和 1 900 MHz 频段 GSM 和 CDMA 基站及终端设备的技术要求；针对 150 MHz 频段和 400 MHz 频段的专业对讲设备的技术要求；当然，还包括针对一些短距离微功率设备、免执照设备 IT 及其附属设备等的技术要求。

此外，所有进入美国市场的无线电设备，都要按照不同等级的要求履行 FCC 认证程序，并在完成认证后贴上 FCC ID 号或者 FCC 的标记。按照认证方式由易到难，无线电设备的认证包括以下 3 种：

（1）自我验证（Verification）

该类认证主要针对工科医疗设备、广播电视接收机等。对于进行这类认证的产品，首先需要经过取得 FCC 注册和认可的实验室的测试；而后保留自我验证的记录，以作为 FCC 的可能的审查备用；最后将符合性声明标记在产品上，还要将 FCC 要求的注意事项写在用户手册中。

（2）符合性声明（Declaration of Conformity，DoC）

该类认证主要针对电信终端设备、个人电脑及外设、有线电视设备等。申请认证的产品必须由经过 A2LA 或 NVLAP 认可的和美国有 MRA 协议国家的实验室通过电磁兼容测试，并且在产品上做出标记及将 FCC 要求的注意事项写在用户手册中，同时，准备并签署一份 DoC。

（3）产品认证（Certification）

绝大多数无线电发射设备都需要进行产品认证。首先，产品必须由在 FCC 注册和认可的实验室测试；其次，需将测试报告连同相关的技术文件呈给 TCB 或者 FCC。如果获得批准，则将 FCC ID 及符合性声明标记在产品上，还要将 FCC 要求的注意事项写在用户手册中。

6.1.2 欧洲方向

欧盟新方法指令要求任何进入欧盟市场的无线电设备及电信终端设备，都按照欧盟的法令履行相应的 CE 流程，并且在产品测试合格并通过认证后，加贴 CE 标志，以表明该产品符合欧盟的符合性标准。每个产品都需要满足其适应的最基本的指令。如果产品符合多个指令标准，则需要遵守所有的指令要求。欧盟指令的测试结果可以运用于每一个成员国。欧盟指令将不同国家的法律协调一致，是特别常见的影响单一市场运作的方法（如产品安全标准）。如何满足每个指令的基本要求的技术细节，将取决于产品适用于哪个指令。

欧盟针对无线电设备及电信终端设备的法令主要是《无线电设备及电信终端设备的一致性互认可指令》（R&TTE Directive）。在 R&TTE 指令中，明确了无线电设备及电信终端设备进入欧盟市场需要满足的强制基本要求：

①对于使用者及其他人的健康及安全的保护的基本要求，目前主要指电气安全（Safety）及电磁暴露（SAR）的要求。

②对于环境保护的要求，主要是指设备的电磁兼容性（EMC）的技术要求。

③对于无线电设备，还必须满足陆地和空间的频谱资源及卫星轨道资源的有效利用，避免有害干扰的基本要求，主要指有关射频参数（RF）的要求，包括发射机和接收机的技术要求。

根据 R&TTE 指令的要求，电信终端设备进入欧盟市场，需要满足人身健康及安全和电磁兼容两个方面的基本要求。而对于无线电设备，在满足①、②两项要求的基础上，还必须满足对于频谱资源和卫星轨道资源保护的基本要求，只有完全符合这些基本要求的无线电产品和电信终端产品，在履行了相应的认证程序之后，粘贴了 CE 标识，才能合法进入欧盟市场。

按照认证流程的从易到难，可将其分为 4 种流程：

①Annex Ⅱ：内部产品质量控制，粘贴 CE 标识。

②Annex Ⅲ：内部产品质量控制＋测试，粘贴 CE 标识。

③Annex Ⅳ：完整的技术文件审核（TCF），粘贴 CE ×××× 标识，×××× 为 NB 的编号。

④Annex Ⅴ：完全质量保证，粘贴 CE ×××× 标识，×××× 为 NB 的编号。

上述流程中，NB 的全称为 Notify Body，是欧盟按照新方法指令实施市场准入管理的重要技术实体。

6.1.3　亚洲方向

向亚洲国家出口产品的设备制造商经常会收到相互矛盾的第三方认证要求，这在很大程度上是由于亚洲国家之间不同的商业文化和认证标准。一些制造商错误地认为产品经过某些第三方国家的认证，或者在欧盟销售的产品上贴有 CE 标识，就可以不再按照亚洲国家各自的标准进行符合性测试。

对于电子、电气、通信、无线电设备，亚洲各国政府根据法律制定了互不相同的强制性标准和要求。大部分亚洲认证机构是由政府部门设立的半官方机构。亚洲国家电子、电气、通信和无线电设备的认证通常要审核设备申请文件和测试数据。一些国家不承认由其他国家出具的测试数据和报告，即要求设备必须在该国国内进行测试和认证。

在亚洲国家，对于一些特定种类的产品，法律没有强制性认证计划。但是在某些情况下，在市场上，带有自愿性认证标记或者标签的产品，会比符合法规评估、采用自我宣告方式销售的产品拥有更加明显的优势。典型的亚洲国家的认证有中国 CVC 认证（China Voluntary Certification，中国自愿性产品认证）、日本 VCCI 认证（The Voluntary Control Council for Interference by Information Technology Equipment，信息技术设备干扰自愿控制委员会）、新加坡针对 ITE 的 EMC 认证等。

无线检测认证简介

模块6.2　了解无线检验测试场地

6.2.1　开阔场

所谓开阔场（Open Area Test Site，OATS），是指受试设备在露天测试现场中进行测试。开阔场一直被国际公认为是最科学、最合理和最理想的测试场地，并被规定为最后判定的依据。利用开阔场对 30~1 000 MHz 高频电磁场的辐射和接收测试是以空间直射波与地面反射波在接收点的矢量叠加理论为基础的。但在实际应用中，虽然开阔场可以获得良好的地面传导率，但是其所占的面积却是有限的，因此，可能造成发射天线与接收天线之间的相位差。在发射测试中，开阔场的使用和半电波暗室相同。

国际 CISPR 标准规定，开阔场地应该是一个平坦、空旷、电导率均匀良好、无任何反射物的椭圆形或圆形试验场地。理想的开阔场地面具有良好的导电性，面积无限大。图 6-1 所示为开阔场的场地规划示意图，它的主要特点如下：

①开阔场的尺寸取决于检测样本（受试设备）与天线之间的距离 R。"CISPR 椭圆"区域的长轴为 R 的 2 倍，短轴是 R 的 $\sqrt{3}$ 倍。实际的场地还应提供用于测量区域的水平金属接地平板，其尺寸要覆盖并超过椭圆区域。此外，还需建造升降塔、转台及天线底座等。

②受试设备至天线的优选距离为 3 m、10 m 和 30 m。

③对于 3 m 或 10 m 而言，接收天线定位在 1~4 m 的高度。

④场地衰减的有效性要符合标准规定的要求。

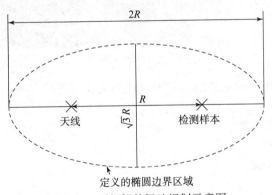

图 6-1　开阔场的场地规划示意图

综上所述，尽管开阔场是最具仲裁性的测试场地，然而，实际中使用开阔场还具有一定的难度，原因主要体现在以下几个方面：首先，要建造一个符合标准要求的开阔场，造价是相当可观的，并且要能测量到最大的发射场强，还需要做许多烦琐的工作和耗费很长的时间；其次，开阔场受气候的影响较大，需加防护措施和增加场地的维护费用；再者，开阔场只能测辐射发射，而不能测辐射敏感度，尤其是随着信息技术的发展，空间电磁环境越来越恶劣，很难找到纯净的开阔场，而在大量背景噪声的影响下，很难判断所测试的辐射发射数据。鉴于以上几点原因，目前国内外电磁兼容已较少使用开阔试验场。

6.2.2 屏蔽室

计算机、通信机及电子设备在正常工作时都会产生一定强度的电磁波，该电磁波可能会对其他设备产生干扰或被专用设备所接收。同时，这些电子设备也需要在小于一定强度的电磁环境下保证其正常工作。因此，在对产品进行测试的过程中，隔离在近场测试中的外界电磁干扰，从而提高测试结果的准确度显得非常重要，而电磁屏蔽室就是可以屏蔽电磁波的设施，它是对产品进行电磁兼容（EMC）测试、电磁记录资料长期保存、实施现代信息保密措施的重要设备之一。

简单来说，电磁屏蔽室（Shielding Room）就是一个钢板房子，冷轧钢板是其主体屏蔽材料，此外，还安装了防电磁泄漏屏蔽门、专用通风波导窗、传输及消防波导管等，并对所有进出管线做相应屏蔽处理，进而阻断电磁辐射出入，因此，屏蔽室具有严密的电磁密封性能。图6-2所示就是屏蔽室的外观图。

图6-2 屏蔽室外观图

电磁屏蔽室的阻断电磁辐射通路的功能具体体现在以下几方面：

①电磁屏蔽室可以隔离外界电磁干扰，保证室内电子、电气设备正常工作。特别是在电子元件、电气设备的计量、测试工作中，可以利用电磁屏蔽室（暗室）模拟理想电磁环境，提高检测结果的准确度。

②电磁屏蔽室可以阻断室内电磁辐射向外界扩散。强烈的电磁辐射源应予以屏蔽隔离，防止干扰其他电子、电气设备正常工作，甚至损害工作人员身体健康。

③防止电子通信设备信息泄漏，确保信息安全。电子通信信号会以电磁辐射的形式向外界传播，敌方利用监测设备即可对该信号进行截获并还原。电磁屏蔽室是确保信息安全的有效措施。

④通信设备具有抵御敌方电磁干扰的能力是军事指挥通信必备要素，这样，在遭到电磁干扰攻击甚至核爆炸等极端情况下，结合其他防护要素，可以保护电子通信设备不受毁损而正常工作。电磁脉冲防护室就是在电磁屏蔽室的基础上，结合军事领域电磁脉冲防护的特殊要求研制开发的特殊产品。

6.2.3　半电波暗室

当前，半电波暗室（Semi-Anechoic Chambers，SAC）与全电波暗室（Full-Anechoic Chambers，FAC）已经成为事实上的标准测试场地。其中，半电波暗室也称为电磁兼容暗室，它主要用于辐射无线电干扰（EMI）和辐射敏感度（EMS）测量。半电波暗室是在电磁屏蔽室的基础上，在内壁四墙及顶板上装贴电磁波吸收材料，地面为理想的反射面，从而模拟开阔场的测试条件，主要进行 1 GHz 以下的辐射干扰场强测试。因壁面无反射波存在，故在辐射发射与接收测试中，测量的精度较高，是目前国内外流行的和比较理想的 EMC 测试场地。

由于半电波暗室的测试环境需要模拟开阔试验场地的电磁波传播条件，因此，暗室的尺寸应以开阔试验场的结构要求为依据，一般分为标准的 10 m、5 m 和 3 m 等。暗室从其实现的功能、结构形式、选择的材料及安装形式等不同角度可以分为多个不同的种类，而对不同类别的暗室进行选择的主要依据则为使用者需要的测试类型、被测物的空间尺寸及试验级别等。

半电波暗室在结构上是由屏蔽室和吸波材料两部分组成的，铁氧体及尖劈吸波材料覆盖于顶部及四面墙，底部采用高架地板和反射地面。其中屏蔽室既可以隔断外界的电磁骚扰信号，又能抑制室内测试信号的外泄，即起到双向屏蔽作用；而吸波材料不但能够有效降低屏蔽室内的驻波，还可以减少屏蔽室表面的电磁反射，从而确保能够准确地测量电磁辐射的大小。图 6 – 3 所示为 10 m 半电波暗室实物图。

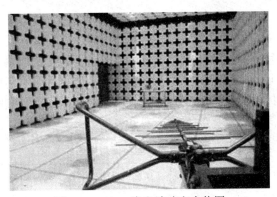

图 6 – 3　10 m 半电波暗室实物图

6.2.4　全电波暗室

半电波暗室和全电波暗室是按照暗室内表面吸波材料的粘贴方式不同而进行的分类。全电波暗室通常用于无线通信设备中频率在 1 GHz 以上的噪声测量、灵敏度分析及辐射抗扰度测试。与半电波暗室不同的是，首先，全电波暗室模拟自由空间，电波传播时，只有直射波和地面反射波。此外，从暗室的结构上看，全电波暗室不仅墙体和天花板会安装吸波材料，地板也会铺设吸波材料，并且可以不带屏蔽，把吸波材料粘贴于木质墙壁甚至建筑物的普通墙壁和天花板上即可，因此，在 CISPR16-1-4 中，将 FAC 定义为"没有反射平面的测试场地"。

FAC 的优点主要是不会发生地面反射，因此不需要天线高度扫描，节省了很多测试时间。然而，暗室测试最大的优点就是可以节省测试时间，并且可以满足某些特定产品的特定性能测试的要求（如无线产品杂散测试）。常见的规格为 3 m 和 5 m（测试产品距测试天线的距离）。图 6-4 所示为 3 m 全电波暗室示意图。

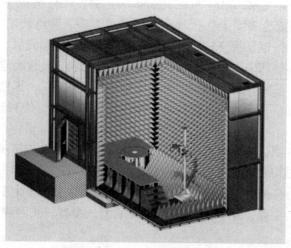

检验测试场地
——电波暗室

图 6-4　3 m 全电波暗室示意图

模块 6.3　了解无线检验测试设备

6.3.1　天线

天线应用于通信信号发射的测试。对天线类型的选择，主要取决于需要测试的频率范围和场强类型（电场或磁场），需要考虑它们的辐射模式及与周围的环境互耦。天线和电路插入不能明显地影响到总体的测量接收机的特性。当天线连接到测量接收机时，测量系统应遵守相关的频带要求。不同频段选择的天线类型见表 6-1。

表 6-1　天线的选型与使用频段的关系

天线类型	10～150 kHz	0.5～30 MHz	30～1 000 MHz	1 GHz 以上
棒状天线（Rod）	适用	适用	不适用	不适用
偶极子天线（Dipole）	不适用	不适用	适用	不适用
双锥天线（Biconical Dipole）	不适用	不适用	适用	不适用
对数周期天线（Log-periodic Dipole）	不适用	不适用	适用	不适用
环形天线（Loop）	适用	适用	不适用	不适用

续表

天线类型	10～150 kHz	0.5～30 MHz	30～1 000 MHz	1 GHz 以上
喇叭天线 （Horn）	不适用	不适用	不适用	适用
全向天线 （Active Monopole）	不适用	不适用	不适用	适用

6.3.2　频谱分析仪

对信号的分析可以从时域和频域两个方面进行。其中，信号的时域特性反映了其电量随时间的变化趋势，而频域特性则反映了其电量随频率的变化规律。对于微波信号，由于其频率很高，无法直接用时域测量仪器进行测量，因此往往将其变换为频域信号，对其频谱进行分析。频谱分析仪正是对信号的频谱进行分析的一种重要工具，其中最主流的频谱仪为扫频外差式频谱分析仪，它通过混频器将输入信号变换到中频，在中频进行放大、滤波和检波处理，其主要组成部分如下。

低通滤波器：低通滤波器的主要作用为阻止高频信号到达混频器，这样防止带外信号与本振相混频在中频产生多余的频率响应而作为一种可调的滤波器，从而使处理信号的频率符合需要测试的频段。

混频器：混频器负责完成信号的频谱搬移，它将不同频率输入信号变换到相应频率。

中频滤波器：中频滤波器是频谱分析仪的关键组成部分，它的功能是分辨不同频率的信号。中频滤波器的带宽和形状将影响频谱分析仪的许多关键指标。

检波器：检波器的功能是将输入信号转换为视频电压，该电压值对应输入信号功率。需要特别说明的是，诸如正弦信号、噪声信号、随机调制信号等不同特性的输入信号，需要采用不同的检波方式才能准确测出其信号功率。

在实际应用中，要想获得准确的测量结果，就必须正确地操作频谱分析仪，而正确使用频谱分析仪的前提是对其主要参数进行正确的设置。以下简要介绍频谱分析仪中主要参数的意义及参数设置方法。

（1）频率扫描范围

频谱分析仪的外观如图6－5所示，它具有扫描频率的上限和下限。通过调整扫描频率范围，可以对感兴趣的频率进行细致的观察。在频谱分辨率一定的情况下，扫描频率范围越宽，则扫描一遍所需时间越长，从而频谱上各点的测量精度越低。因此，如情况允许，应尽量使用较小的频率范围。

需要设置频率扫描范围时，可以通过图6－5中的FREQ按钮进入频率设置菜单。对扫描频率范围进行设置有两种方法：可以通过设置扫描开始频率和终止频率来确定，例如，Start frequency＝1 MHz，Stop frequency＝11 MHz；也可以通过设置扫描中心频率和频率范围来确定，例如，Center frequency＝6 MHz，Span＝10 MHz。这两种设置的结果是一样的。

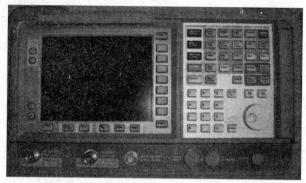

图 6 – 5　频谱分析仪外观图

（2）中频分辨带宽（RBW）

频谱分析仪的中频带宽决定了仪器的选择性和扫描时间。调整分辨带宽可以达到两个目的：一是提高仪器的选择性，以便对频率相距很近的两个信号进行区别；另一个是提高仪器的灵敏度，任何电路都有热噪声，这些噪声会将微弱信号淹没，从而使仪器无法观察微弱信号，且噪声的幅度与仪器的通频带宽成正比，带宽越宽，则噪声越大，因此，减小仪器的分辨带宽可以减小仪器本身的噪声，从而增强对微弱信号的检测能力。

分辨带宽一般以 3 dB（或者 6 dB）带宽来表示。当分辨带宽变化时，屏幕上显示的信号幅度可能会发生变化。若测量信号的带宽大于通频带宽，则当带宽增加时，由于通过中频放大器的信号总能量增加，显示幅度会有所增加。若测量信号的带宽小于通频带宽，如对于单根谱线的信号，则不管分辨带宽怎样变化，显示信号的幅度都不会发生变化。信号带宽超过中频带宽的信号称为宽带信号，信号带宽小于中频带宽的信号称为窄带信号。根据信号是宽带信号还是窄带信号，能够有效地鉴别干扰源。

当需要对中频分辨带宽进行设置时，可以通过按图 6 – 5 中的 BW 按钮，进入菜单设置需要的分辨带宽。

（3）视频带宽（VBW）

视频带宽至少要与分辨带宽相同，最好为分辨带宽的 3 ~ 5 倍。视频带宽反映的是测量接收机中位于包络检波器和模/数转换器之间的视频放大器的带宽。改变视频带宽的设置，可以减小噪声峰 – 峰值的变化量，提高较低信噪比信号测量的分辨率和复现率，易于发现隐藏在噪声中的小信号。对 VBW 的设置也是通过图 6 – 5 中的 BW 按钮实现的。

（4）扫描时间

仪器接收的信号从扫描频率范围的最低端扫描到最高端所使用的时间叫作扫描时间。扫描时间与扫描频率范围是相匹配的。如果扫描时间过短，频谱仪的中频滤波器不能够充分响应，幅度和频率的显示值变为不正确。可以通过按图 6 – 5 中的 SWEEP 按钮，进入菜单设置需要的扫描时间。

检验测试设备——
天线和频谱分析仪

6.3.3　接收机

EMI 接收机也叫作电磁干扰测量仪，它是电磁兼容性测试中应用最广泛的、最基本的测量仪器，其实质是一种选频测量仪，它能将由传感器输入的干扰信号中预先设定的频率分量以一定通频带选择出来，予以实现和记录。连续改变设定频率，便能得到该信号的频谱。

接收机各部分组件功能如下：

①传感器。可由电压探头、电流探头、各类天线等部件组成，具体根据测量的目的，选用不同部件来提取信号。

②输入衰减器。可将外部进来的过大信号或干扰电平给予衰减，调节衰减量高低，保证测量接收机输入的电平在测量接收机可测范围之内，同时，也可避免过电压或过电流造成测量接收机损坏。

③校准信号源。与普通接收机的区别是，测量接收机本身提供内部校准信号源，可随时对测量接收机的增益进行自我校准，以保证测量值的准确。

④射频放大器。利用选频放大原理，仅选择所需的测量信号进入下级电路，而外来的各种杂散信号（包括镜像频率信号、中频率信号、交调谐波信号等）均排除在外。

⑤本机振荡器。提供一个频率稳定的高频振荡信号。

⑥混频器。将来自射频放大器的射频信号和来自本机振荡器的信号合成，产生一个差频信号输入中频放大级。由于差频信号的频率远低于射频信号频率，使得中频放大级增益得以提高。

⑦中频放大器。由于中频放大器的调谐电路可提供严格的频率带宽，又能获得较高的增益，因此保证了接收机的总选择性和整机灵敏度。

⑧检波器。测量接收机的检波方式与普通接收机的检波方式有着重大差异。测量接收机除了可以接收正弦波信号外，更常用于测量脉冲干扰电平，因此，测量接收机除了通常具有的平均值检波功能外，还增加了峰值检波和准峰值检波功能。

当利用 EMI 接收机测量信号时，先将仪器调谐于某个测量频率 f_i，该频率经输入衰减器和射频放大器后进入混频器，与本地振荡器产生的频率 f_1 混频，得到中频信号 $f_0 = f_1 - f_i$。中频信号送入中频放大器后，由包络检波器进行检波，滤除中频，得到低频信号，而后对此低频信号做进一步的加权检波，根据需要选择检波器，得到其峰值、有效值、平均值或准峰值。这些值将在数码管屏幕上显示出来。据此，也可以看出，EMI 接收机实质上即是可调谐的、有频率选择的、具有精密的振幅响应的电压计。

接收机与频谱仪从原理上来看是类似的，所以使用方法也基本相似，但两者之间也存在着细微的差别，主要体现在以下几个方面。

（1）两者在输入端对信号进行处理的方法不同

频谱仪的信号输入端通常有一组较为简单的低通滤波器；而接收机则采用对宽带信号具有较强抗干扰能力的预选器，通常包括一组固定带通滤波器和一组跟踪滤波器，完成对信号的预选。

（2）扫频信号不同

频谱仪通常是通过斜波或锯齿波信号控制扫频信号源实现的，其信号频率的变化是连续的，在预设的频率跨度内扫描，获得期望的混频输出信号。

接收机的频率扫描是离散的点频测试。接收机按照操作者预先设定的频率间隔，通过处理器的控制，在每一个频率点进行电平测量，显示的测试结果曲线实际是单个点频测试的结果。现在的 EMC 测量，人们不仅要求能手动调谐搜索频率点，也需要快速、直观观察 EUT 的频率电平特性，这就要求本振信号既能测试规定的频率点，也能够在一定的频率范围扫描。这是频谱仪做不到的。

（3）中频滤波器带宽的定义不同

接收机的中频带宽是 6 dB，而频谱分析仪的中频带宽是 3 dB，从而导致两种仪器测试的信号幅频特性不一致。

（4）检波器不同

接收机可以对单一频率进行检测，判断其是否符合标准，而没有检波器的频谱仪完成这种测量是很困难的。脉冲响应测量时间是判断接收机合适与否的一个重要指标，不符合标准的仅能作为预测试设备。

6.3.4　功率计

功率计是用来测试 RF 产品输出功率最简单和快捷的工具。RF 功率计由功率传感器和功率指示器两部分组成。其中，由功率指示器进行信号的放大、转换并直接显示出测试值；而不同的频率和功率等级会有不同的功率传感器匹配使用。

从不同的角度看，功率计具有不同的分类：

①按照在测试系统中的连接方式不同，可分为终端式和通过式两种。

终端式功率计把功率计探头作为测试系统的终端负载，功率计吸收全部待测功率，由功率指示器直接读取功率值。通过式功率计是利用某种耦合装置，如定向耦合器、耦合环、探针等从传输的功率中按一定的比例耦合出一部分功率，送入功率计度量。传输的总功率等于功率计指示值乘以比例系数。

②按照灵敏度和测量范围的不同，可分为测热电阻型功率计、热电偶型功率计、热效应功率计和晶体检波式功率计。

• 测热电阻型功率计使用热变电阻作为功率传感元件，热变电阻值的温度系数较大，被测信号的功率被热变电阻吸收后产生热量，使其自身温度升高，电阻值发生显著变化。利用电阻电桥测量电阻值的变化，显示功率值。

• 热电偶型功率计中的热偶结直接吸收高频信号功率，结点温度升高，产生温差电势。电势的大小正比于吸收的高频功率值。

• 热效应功率计利用隔热负载吸收高频信号功率，使负载的温度升高，再利用热电偶元件测量负载的温度变化量，根据产生的热量计算高频功率值。

• 晶体检波式功率计利用晶体二极管将高频信号变换为低频或直流电信号，适当选择工作点，使检波器输出信号的幅度正比于高频信号的功率。

③按照被测信号的不同，可分为连续波功率计和脉冲峰值功率计。

利用功率计对 RF 产品进行功率测试的连线方法如图 6－6 所示，其具体测试步骤如下：

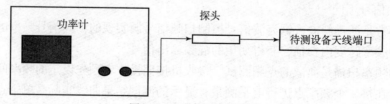

图 6－6　功率测试连接图

①打开 Power Meter 的电源，将探头和设备本身校准端口相连，进行自校准。

②将待测设备的天线移除，连接一个低损耗的射频线缆。

③将功率计的探头与低损耗射频线缆相连，如图6-6所示。

④设置功率计的频道和频率为需要设置的频段，让设备处于连续发射的状态。

⑤记录功率计显示的读值，这个值就是待测设备的传导输出功率。

检验测试设备——
EMI接收机和功率计

模块6.4　了解常见测试项目

6.4.1　带宽的测试

对于信号而言，其带宽是指该信号所占据的频带宽度；而RF产品的占用带宽则是指该通信产品的整个信道发射出来的能量（或功率）所占用的宽度。针对RF产品来说，其占用的带宽是确定的，不能超过某一确定的带宽范围，这样才不至于占用其他通信产品的频谱资源。带宽对于无线通信产品非常重要，一般来说，如果占用的带宽过大，则会导致系统自身信道功率超标；但如果占用宽度不够，信道功率就会过小，从而实现不了产品的通信功能。因此，为确保RF产品在调制模式下正常工作，对其进行带宽的测试显得尤为重要。

在检测行业中，针对Wi-Fi和蓝牙设备的不同调制技术及其工作特性，带宽测试的参数标准有所不同：法规规定Wi-Fi设备的带宽要求是6 dB，而蓝牙设备的带宽要求是20 dB。

带宽测试具体的流程如下：

①首先测试系统建议搭建在屏蔽室中，所用到的测试设备包括频谱分析仪、通信基站、功分器（将功率衰减大的一端接到频谱分析仪上），如图6-7所示。

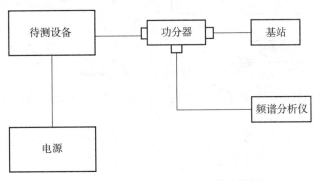

图6-7　蓝牙设备带宽测试系统连接图

②将被测设备调至测试模式，使其与基站进行通信，如果通信不畅，必须检查测试线路与射频接口。

③进入频谱仪的FREQ选件中设置要测试的中心频率，然后进入BW选件中设置RBW与VBW，最后设置SPAN的宽度与测试线路的补偿值。

④当信号出来的时候，Peak检波找到最大点Mark1，然后在此基础上减去20 dBm，将所得值在频谱仪中画出来。

⑤进入频谱仪display选件中选择"line"，记录算出的结果，然后在图形的上升与下降

边缘各取交叉点 Mark1 与 ΔMark2（Mark1 与 ΔMark2 的宽度就是 20 dB 占用带宽）。

6.4.2 频率稳定度测试

为确保 RF 产品工作在规定的频段内，需对其处于工作状态时的发射频率进行测试，并且通过变换供电电压和环境温度的方法，来查看设备的频率稳定度是否符合要求。所谓频率稳定度，就是指测试产品在正常温度、湿度和电压的工作条件下所测得的射频工作频率和处在极限温度、湿度和电压的工作条件下所测得的工作频率的差值。当这个差值处于一个可以接受的范围内时，则认为被测设备的频率稳定度符合要求。通常用频率偏移比这个参数来衡量频率稳定度。具体计算方法由式（6-1）给出：

$$\text{频率偏移比} = \frac{\text{极限环境下的频率值} - \text{正常条件下的频率值}}{\text{正常条件下的频率值}} \qquad (6-1)$$

由式（6-1）可知，频率偏移比实际是极限环境下的频率的偏移量与设备正常工作的频率值之比，该值一般要求在 10 ppm 以下。测试需要在非调制模式下进行。待测设备与测试仪器之间的连接方法如图 6-8 所示。

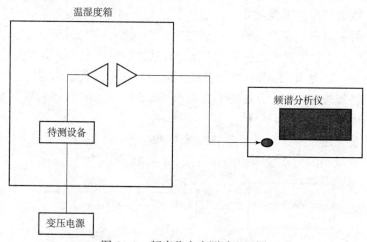

图 6-8　频率稳定度测试配置图

以测试温度变化对频率稳定度的影响为例，首先按照图 6-8 的方法进行系统的连接，其余步骤描述如下。

①给待测设备常压供电或者插入新的满电量的电池，打开设备开始发射信号。

②使用接收天线通过同轴线缆连接至频谱分析仪，观察和记录设备正常情况下工作的频率点。

③关闭设备，设置温度箱，使其达到法规规定的最高温度。温度稳定后打开设备，分别记录开始、工作 2 min 后、工作 5 min 后，以及工作 10 min 后的频率点。

④关闭设备，调节温度箱，使其达到法规规定的最低温度，温度稳定后打开设备，分别记录开始、工作 2 min 后、工作 5 min 后，以及工作 10 min 后的频率点。

⑤通过频率的偏移比来判断是否合格。

6.4.3 功率测试

RF 产品的输出功率决定着它的使用环境，不同国家的监管机构会对在其境内所使用的

RF设备的输出功率有强制的要求，因此，任何一个RF设备准备进入市场销售之前，都需要检测部门对其输出功率进行测试。测试过程中，产品要以正常的电压工作在典型的调制模式下；如果是具有多种调制模式的产品，则需要对每种调制模式都进行测试，然后找到输出功率的最大值。

以下以普通蓝牙设备的输出功率测试为例，对其测试过程进行描述：

①设置频谱分析仪，中心频率设为2 402 MHz，带宽约为5倍的20 dB带宽，约为5 MHz。

②RBW>20 dB带宽，VBW≥RBW，此处这两个参数均设为3 MHz。设置效果如图6-9所示。

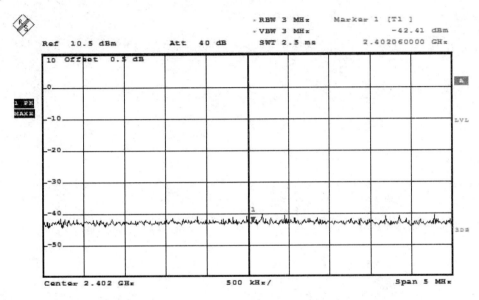

图6-9　蓝牙功率测试频谱仪基础设置

③设置检波方式为Peak，使用max hold来固定波形。

④待波形稳定后，使用MRK-Peak功能得到观测频段范围内的最大输出功率，该值即为此蓝牙设备在0频道处的RF输出功率2.46 dBm，如图6-10所示。当然，这个功率是传导法的功率，没有计算到天线增益。

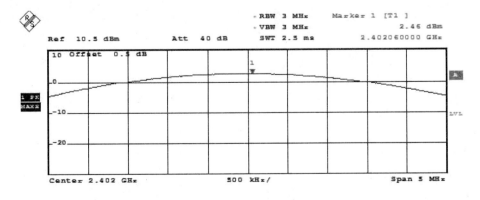

图6-10　蓝牙功率测试结果

项目六习题